数学天方夜谭

形的山海经

陈永明 沈为民 朱行行◎著

清华大学出版社
北京

图书在版编目（CIP）数据

数学天方夜谭. 形的山海经 / 陈永明，沈为民，朱行行著.
北京 ：清华大学出版社，2024. 10. -- ISBN 978-7-302-67499-3
Ⅰ. O1-49
中国国家版本馆 CIP 数据核字第 2024GM3540 号

责任编辑：胡洪涛　王　华
封面设计：傅瑞学
责任校对：薄军霞
责任印制：刘　菲

出版发行：清华大学出版社
网　　址：https://www.tup.com.cn，https://www.wqxuetang.com
地　　址：北京清华大学学研大厦 A 座　　**邮　　编**：100084
社 总 机：010-83470000　　**邮　　购**：010-62786544
投稿与读者服务：010-62776969，c-service@tup.tsinghua.edu.cn
质量反馈：010-62772015，zhiliang@tup.tsinghua.edu.cn
印 装 者：大厂回族自治县彩虹印刷有限公司
经　　销：全国新华书店
开　　本：165mm×235mm　　**印　　张**：9.25　　**字　　数**：139 千字
版　　次：2024 年 12 月第 1 版　　**印　　次**：2024 年 12 月第1 次印刷
定　　价：45.00 元

产品编号：102973-01

写在前面

很久以前，有一个萨桑国，国王山鲁亚尔生性残暴，每夜娶一个妻子，在第二天清晨就将其杀害。宰相的女儿山鲁佐德，为了拯救其他女子的生命，自愿嫁给国王。她用讲故事的方法，引起国王的兴趣，每夜讲一个故事，一直讲了一千零一夜。终于，国王悔悟，并与山鲁佐德白首偕老。由这些故事编成的书就叫《一千零一夜》，又名《天方夜谭》。

今天在数学王国里，枯燥的数字，烦琐的运算，抽象的证明，使很多同学渐渐疏远了数学。在这套书中我们向大家介绍生动有趣的数学故事、引人入胜的数学小品以及设计巧妙的数学游戏。有的源自古代神话和历史典故，有的与现代数学息息相关，让人捧腹大笑的同时又感受到数学的美。

1988 年我和沈为民、朱行行共同编写出版了《数学天方夜谭》，是你的爸爸妈妈小时候读过的书，当时在小朋友中间颇有影响，重印过多次。现在看来，还是具有生命力的。因为时代在发展，我们对内容做了一定的调整，由我负责完成修订，除一部分是精彩的“保留节目”外，还特别选择了一些新鲜内容，补充了数学界的新成果，有的可能还是在国内青少年读物中首次出现呢。

这套书包括《数学天方夜谭：数的龙门阵》（主要讲算术和代数知识）和《数学天方夜谭：形的山海经》（主要讲几何知识），既像龙门阵那样博采众长、妙趣横生，又像山海经那样天南地北、海阔天空。希望它能打动你、吸引你，成为你的好朋友，并且让这些生动的数学故事和有趣的数学游戏帮助你爱上数学、学好数学。

陈永明

2024 年 10 月

目 录

一、几何大师和他们的故事

1. “骗子”泰勒斯

“几何学”是一个外来词，是拉丁语 geometria 的音译。geometria 的原意是“测地术”，在西方，人们认为几何学起源于古埃及人测量土地面积的技术。

据说，4000 年以前，古埃及境内的尼罗河总是泛滥，大水冲毁了田界标记。因此每年大水退后，古埃及人都得重新测量田地面积。慢慢地，他们掌握了很多图形知识和地积的测算方法。

不过，古埃及的几何知识很零散，只是作为一种实用的工具，还没有形成严谨的科学体系。

公元前 600 年左右，相继出现了名声很大的“七贤”，也就是七个有学问的人，其中一个叫泰勒斯，他被誉为古希腊第一个数学家。

泰勒斯年轻时去埃及经商，因为喜爱那里的文化，便留下来学习天文学和数学知识。泰勒斯提倡演绎推理，据说他是数学证明思想的创始人。泰勒斯回国后，把古埃及的文化和自己的思想传授给了学生们。

我们几何课本里几个定理，如对顶角相等、三角形全等判定定理等都是泰勒斯总结出来的。更可贵的是，他懂得运用逻辑推理。

有关泰勒斯的传说很多，我们挑几个说说。

测金字塔的高度

埃及的金字塔是伟大的建筑物，可是到后来，埃及人竟然不知道它是怎么建的，它有多高。

埃及的法老为了知道金字塔的高度，请来了一些著名的学者，可是这些学者无一能够测出它的高度。据说生气的法老竟然把这些人扔进了尼罗河。真是伴君如伴虎啊！

泰勒斯来到埃及，看着雄伟的金字塔，惊叹于这个工程的宏伟。心想，它有多高呢？很快他计上心来，找到了办法。

法老听说泰勒斯有办法测出金字塔的高度，立刻召见了他，并请求他帮忙测量一下。泰勒斯一口答应。

第二天，正巧是个晴天。只见泰勒斯带着一根木棍(假定它的长度是 1m)，插在地上。木棍在地上留下了一条日影。

等了一会儿，这条影子的长度达到 1m 了，也就是说，影长等于木棍本身的长度了。泰勒斯看了看金字塔的影子，在地上做了个记号。

泰勒斯说：“这个时刻，金字塔的高度应该等于金字塔的影长。量出金字塔影长，就可以得出金字塔的高度了。”当然，由于金字塔的底盘很大，经过一番计算，泰勒斯报告说：金字塔的高度是 147m(图 1-1)。

大家都说，泰勒斯真是个聪明人。

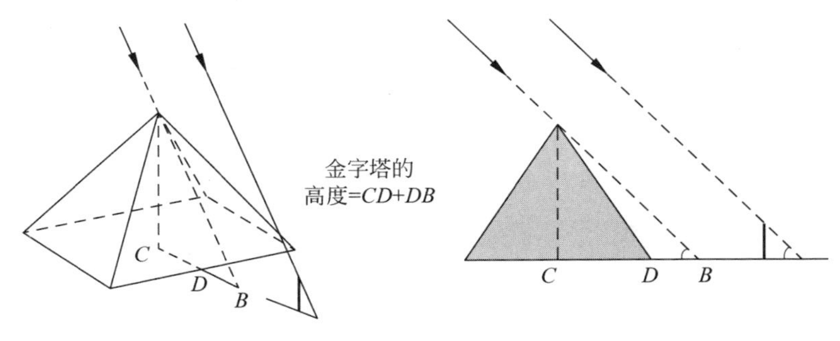

图 1-1

预测日食

在很久之前，位于现在的土耳其的美地亚国和吕地亚国连年征战，弄得民不聊生。泰勒斯经过那里，苦口婆心地进行劝说，但没有效果。于是他警告说：

“你们这样进行惨无人道的战争，已经激怒了上天，×月×日太阳将消失来惩罚你们！”

两国的将士以为他在白日里说梦话，肯定是个骗子，没有理他，还是照打不误。

到那天，两军正在酣战，太阳却悄悄地不见了，顷刻间大地一片漆黑。双方将士惊恐万分，以为真的是上天在警告他们。

泰勒斯说：“你们再不停手，上天的惩罚会更严厉的！”

双方的将士纷纷跪了下来，对上天不停地叩头，并口里念念有词。

后来，两国停战和好了。

是不是上天在惩罚他们呢？不是的。现在，连小朋友都知道，这是日食。泰勒斯厉害，竟能够预测日食！

根据天文史的考证，这次日食应该发生在公元前585年的5月28日，也就是说，发生在大约2600年之前。

2. 一个神秘组织的首领——毕达哥拉斯

约公元前550年，西方出现了一位重要人物，他就是泰勒斯的弟子毕达哥拉斯，他关于几何的创造性成果大大推动了数学的发展。他发现了勾股定理（西方称为毕达哥拉斯定理），会制作美丽的五角星，此外在算术方面也有不少成果，如关于质（素）数的理论。

数学家往往“两耳不闻窗外事”，有意义的是，毕达哥拉斯不同于一般的数学家，他创建了一个神秘组织，这个组织既研究数学问题，形成了“毕达哥拉斯学派”，也参与社会上的其他事情，是一个类似宗教、帮派的秘密团体。他规定，研究的成果都归在他的名下，而且不得外泄。

下面讲几个毕达哥拉斯的故事。

奖学金变奖教金

开始时，并没有多少人追随毕达哥拉斯。于是他来了一个“促销”活动。他声称，来听他的课，不但不收学费，而且还发“奖学金”——学会一个定理，奖励一元钱。

于是来了一个年轻人，愿意拜毕达哥拉斯为师，学习几何知识。毕达哥拉斯是位优秀教师，竟然让这个学生听得如痴如醉入了迷。

过了一段时间，这个学生对几何产生了非常大的兴趣，反过来要求老师教得快一些，为此提出：如果老师多教一个定理，他就给老师一元钱。

哈！奖学金变成了“奖教金”。毕达哥拉斯高兴极了，心想：终于遇到知音了，遇到千里马了。没多长时间，毕达哥拉斯就把之前给那学生的奖学金全部收回了。

可惜，历史上没有留下这个优秀学生的姓名，也不知道他后来有什么成就。

会徽的威力

毕达哥拉斯学派的成员，都要佩戴统一的正五角星会徽。在那个年代，能够画出正五边形、正五角星的绝对是人才。正五边形里的好多线段的比都是黄金分割，这说明毕达哥拉斯可能对黄金分割有一定的认识。

所谓黄金分割是指一条长为 a 的线段，分割为 b 和 c 两段（其中 $b<c$），而且

$$b:c=c:a,$$

即短∶长=长∶全。

在他们的徽标正五角星图案里（图 2-1），比如线段 AD，把它分割为 AB（短）和 BD（长）两段，它们之间有这么一个关系：

$$AB:BD=BD:AD$$

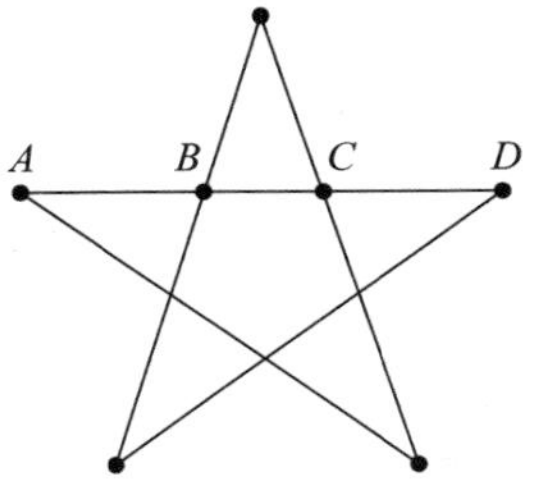

A B C D

图 2-1

这就是黄金分割。不但如此，作为毕达哥拉斯学派的会徽的正五角星里处处都是黄金分割。比如

$$BC:CD=CD:BD,$$

$$BC:AB=AB:AC$$

……

传说学派的一个成员在荒僻的小乡村病倒了，由于缺医少药，病情越来越严重，他自知活不了多久了，而欠旅店老板的房钱、饭钱、看病钱都无法偿还，心中很不安。最后他交代了后事，他把自己珍藏的正五角星会徽交给店主，告诉店主将会徽挂在店门口，就会有人来偿还他的债务。

店主将信将疑，但依言照办了。不久，果然一位毕达哥拉斯学派的成员路

过此店，看到了门口的正五角星会徽，便问店主："那位戴会徽的先生在哪里？"店主告诉他，那人已经病逝了，死前还欠了自己一点债，说会有人来还清债务。那位成员对店主表示感谢，并立即取钱还债。

这个秘密组织成员还非常讲义气！

发现勾股定理

毕达哥拉斯最大的成就是证明了勾股定理，因此，在西方，勾股定理叫作毕达哥拉斯定理。

他发现这个定理之后欣喜若狂，宰了 100 头牛来感谢缪斯女神对他的默示（也有某些史学家认为是用面粉做了 100 头"牛"作为贡品来祭神），因此这个定理又被称为"百牛定理"。

其实，神根本不可能启示毕达哥拉斯。那么，毕达哥拉斯是受到什么启发而证明出勾股定理的呢？史籍上没有记载，只有下面的一段传说。

毕达哥拉斯有个学生叫布拉斯。有一天，他在克劳东的闹市上遇到一个名叫基根法的人。基根法自称是世界上最伟大的数学家，并狂妄地扬言，要与毕达哥拉斯举行一次公开的数学比赛。比赛的方法是轮流出 10 道题，限对方在半个月内公开解答。如果谁不能完全解出，谁就离开希腊，让对方占领克劳东讲坛。布拉斯背着老师接受挑战。他夜以继日地思考着基根法的题目，饭也吃不香，觉也睡不稳，终于在 5 天的时间内解决了 9 道题。还有最后 1 道题他怎么也解不出。他的异常举动被毕达哥拉斯察觉，于是毕达哥拉斯问布拉斯遇到什么事情了。布拉斯知道再也瞒不过老师，就把事情和盘托出，为了整个学派的声誉，他请求毕达哥拉斯开除他，由他一人承担责任。

毕达哥拉斯为了学派的荣誉，决定亲自来解这道难题。

这道题是这样的：给出任意一个正方形，要求作出两个正方形，使这两个正方形面积的和与所给正方形的面积相等。

毕达哥拉斯思索了一天，没有头绪。第二天一早他去散步，不知不觉走到一位朋友的家里。这位朋友刚从埃及讲学回来，很热情地接待了他。他坐在客厅里，一边听他的朋友讲话，一边注视着地面上的图案，渐渐地他被吸引住了，以至于把他的朋友完全撇在一边。原来客厅的地面是用正方形的石块一块一块地铺成的，而在毕达哥拉斯的脚旁，有 6 块石块不知是谁用炭笔画上了对角线，毕达哥拉斯伸手擦去几条对角线(图 2-2)。

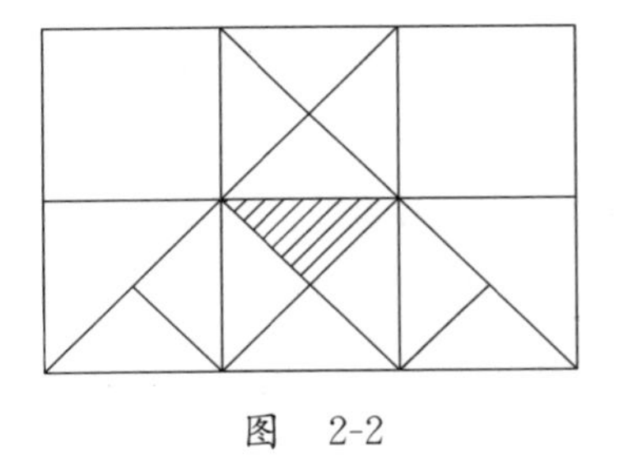

图 2-2

这样，中间一个画了阴影的直角三角形的两条直角边下方分别有一个正方形，这两个正方形的面积之和正好等于斜边上方的正方形的面积(都等于 4 倍的直角三角形的面积)。这样，任意给出一个正方形，只要以它的一边为斜边，作一个等腰直角三角形，再在这个直角三角形两条直角边上分别作正方形，这两个正方形就是题中所要求作的正方形。

他起身告别了朋友，回到家中继续研究。“任意给出一个正方形，以它一边为斜边作一个直角三角形(不一定是等腰的)，再在两条直角边上分别作正方形。这是否也符合题中的要求呢?”最后，他终于找到了这个问题的答案。

半月之期到了。人们聚集在克劳东中心广场上。答辩一开始，布拉斯沉着地把问题一个个解答完。当回答最后一个问题的时候，布拉斯指着基根法给的正方形说："这个问题的解答不是一个，而是无数个……"基根法不相信布拉斯有这么大本事，讥笑他说："我不要无数解答，只要一个解答就行。"布拉斯立即画出了两个符合要求的正方形。基根法一看傻了眼，但又不服输，他疯狂地叫道："再画、再画，把无数解答都画出来……"布拉斯不慌不忙地说，"你的要求已超出了原先的约定。但是在这里我可以告诉你，以任何直角三角形斜边为边长所作的正方形的面积，都等于分别以两直角边边长所作正方形的面积的和。"

"这是什么定理？哪本书上的？谁证明的？"

"这是毕达哥拉斯定理！是我的老师，希腊的伟大学者毕达哥拉斯所发现和证明的！"

这时广场上爆发出了一片欢呼声。

古怪和凶残

毕达哥拉斯的学派里规定，必须吃素，而且还有一个古怪的禁令——禁食豆子。一般吃素的人，他们的蛋白质主要依靠豆子类食品补充。为什么不准吃豆子呢？因为他们认为，豆子的外形与人类的肾脏相似，吃豆子相当于在吃自己身体的一部分。豆子对于毕达哥拉斯学派是如此神圣，以至于毕达哥拉斯愿意用生命去保护它们。据说，毕达哥拉斯遭到仇人追杀，最后逃到一块豆子田里。他说，宁死，也不愿踩一颗豆子。最后他被仇人所害。

毕达哥拉斯的弟子希帕索斯，发现了无理数，这动摇了学派的基础，毕达哥拉斯认为这是异端邪说，要求他保密，不许外传。可后来希帕索斯无意中泄露了这个思想，毕达哥拉斯决定要严惩他，希帕索斯吓得连夜出逃。

多年以后，舆论好像风平浪静了，思乡的希帕索斯偷偷地回家看看。毕达哥拉斯下令，将他处死，就这样，年轻的数学家希帕索斯被抛进了大海。

这故事实在让人感到难过，一位受人敬仰的大数学家，竟如此古怪残酷。科学每前进一步，都是很艰难的，有时还伴随着生命的逝去！

3. 从柏拉图到欧几里得

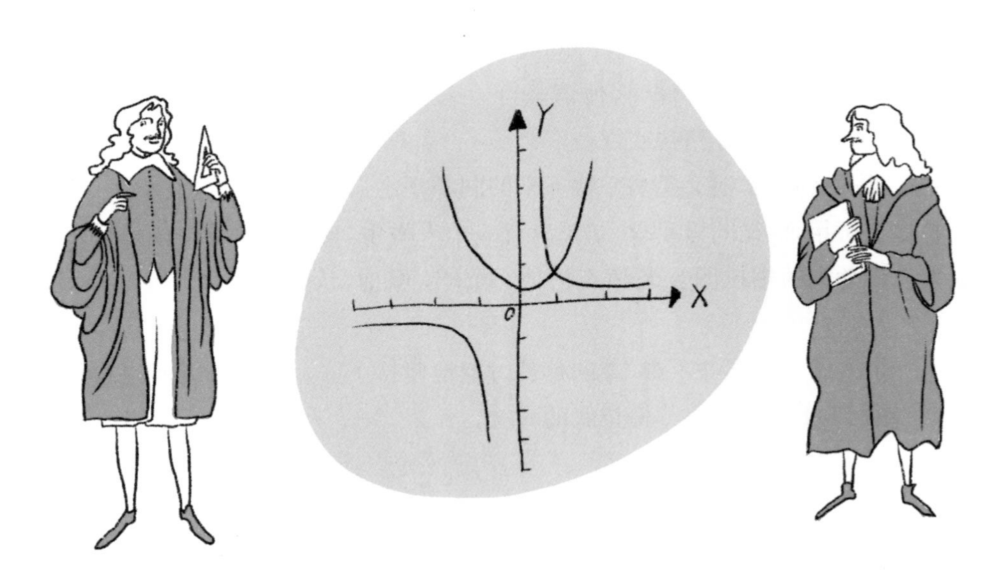

古希腊还有一位伟大的学者柏拉图。柏拉图推崇几何的推理，认为它能锻炼人的逻辑思维能力。

欧几里得继承了柏拉图的思想，把几何学建立在定义、公理和逻辑的基础之上，他搜集前人留下的大量资料，加以整理、补充，以严密的体系写下了一部不朽著作《几何原本》。

在这本书里，他选择了 5 条公理和 5 条公设作为全书的基础，然后从简到繁有条不紊地证明了 465 条重要的几何定理。这几条公理、公设，少 1 条推不下去，多 1 条又显得累赘，这就是欧几里得公理体系。《几何原本》的诞生，标志着几何学成熟了。

下面说说柏拉图和欧几里得的故事。

甩手大将军

我们的语言里“甩手大将军”是指遇事推诿且不负责任的人。而我们这里说的可不是这个意思。

柏拉图是哲学家苏格拉底的学生。有一天苏格拉底给他的学生上课。他说："同学们，我们今天不讲哲学，只要求大家做一个简单的动作，把手往前摆动300下，然后再往后摆动300下，看看谁能每天坚持。"

大伙想，这有什么难的？

第二天，苏格拉底上课时，他请坚持下来的同学举手，结果，90%以上的人举起了手。"不错。"苏格拉底说。

过了一段时间，他又要求坚持下来的同学举手，只有一半人举手。

过了一年，他又同样要求，结果只有一个人举手，这个人是谁？就是后来也成为大哲学家的柏拉图。老师表扬他，同学钦佩他，认为柏拉图是个"甩手大将军"。

一个人做点小事并不难，难的是长时期地坚持下去。柏拉图就是这样一个有恒心的人，于是他深得苏格拉底的喜欢。

这两个老师有点骄傲

柏拉图后来开办了一所学校——柏拉图学园。他与众不同，在学园门口挂了一个牌子："不懂几何者，不得入内！"这不是自断后路吗？没有生源，靠什么养活自己啊？再说，这似乎有点不合情理。学生不懂，才到你这里来学习，懂了，何必付学费到你这里来呢？

大家议论纷纷。有人跃跃欲试，大多数人则是指责这所学校不合情理，将来一定开不下去，关门大吉。就在这时候，欧几里得从人群中挤了出来，只见他整了整衣冠，大摇大摆地走进学园。

欧几里得成名之后，很多慕名而来的人想拜他为师。一位学生曾这样问欧几里得："老师，学习几何会使我得到什么好处？"

欧几里得思索了一下，请仆人拿点钱给这位学生。欧几里得说："给他三个钱币，因为他想在学习中获取实利。"

看来欧几里得和他的老师柏拉图一样高傲。

当时亚历山大国王托勒密一世也想赶时髦，想拜欧几里得为师，学习几何学。这有点像我国的康熙皇帝，很好学，还是不错的。可惜托勒密学得很吃力。

于是，他问欧几里得：“学习几何学有什么捷径可走吗？”欧几里得微微一笑道：“陛下！十分抱歉！在几何学里，没有专为国王铺设的大道。”

是的，在学习上，我们每个人都是平等的，就算你是皇帝也一样。

4. 三角形的内角和竟然小于 180°?!

现在的教材已经不讲几何公理体系了，虽然这样的设计学生容易学了，但其实是非常可惜的，公理化思想——数学的精髓之一——在学生头脑里完全找不到影子了。

欧几里得创立的几何的起点是几条公设，其中第 5 公设的等价命题，即“过平面上直线外一点，只能引一条直线与已知直线平行”，数学家们都觉得这不像公理，应该是定理，应该可以证明的。于是不少数学家都想证明它。但是一一宣告失败，有些还为之付出了毕生心血！

俄国数学家罗巴切夫斯基开始也想证明第 5 公设，也没有摆脱失败的命运。被逼进绝境之后，他想：会不会一开始我的思路就错了，第 5 公设根本不能证明？于是反其道而行之，假设“过平面上直线外一点，至少可引两条直线与已知直线不相交”，并用它展开逻辑推演。他得到一连串古怪的命题，如三角形的内角和小于 180°等。但是，经过仔细审查，却没有发现它们之间有任何逻辑矛盾。

1826 年，罗巴切夫斯基在一次演讲中宣读了他的第一篇关于非欧几何的论文。这篇首创性论文的问世，标志着非欧几何的诞生。但其遭到权威的抵制，最后连文稿也给弄丢了。

但他并没有因此灰心丧气，1829 年，他又撰写出一篇题为《几何学原理》的论文。此时，罗巴切夫斯基已是喀山大学校长，可能出自对校长的“尊敬”，《喀山大学学报》全文发表了这篇论文。

1832 年，罗巴切夫斯基的这篇论文被呈送至彼得堡科学院评审。可惜的是，科学院里的权威们和其他的数学家也没能理解。他们对罗巴切夫斯基进行公开的指责和攻击，嘲讽他道：

“为什么不能把黑的想象成白的，把圆的想象成方的……”

对此，罗巴切夫斯基极为气愤。可气愤又有什么用？在创立和发展非欧几何的艰难历程上，始终没能遇到公开支持者，他很孤独！就连数学权威高斯也不肯公开支持他的工作。其实高斯内心是认可他的工作的，只是选择了明哲保身。

晚年的罗巴切夫斯基心情更加沉重，辞去教授职务。而此时家庭的不幸又降临，他最喜欢的、很有才华的大儿子因肺结核医治无效死去，这使他悲痛万分，他的身体也随之垮掉了，逐渐丧失视力，最后什么也看不见了。

1856 年 2 月 24 日，伟大的学者罗巴切夫斯基在苦闷和抑郁中与世长辞。

十几年之后，非欧几何开始获得学术界的普遍注意和深入研究，罗巴切夫斯基的研究得到学术界的高度评价，他本人则被人们赞誉为“几何学中的哥白尼”。

罗巴切夫斯基的故事教训是深刻的。希望人们对那些尚未成熟的科学成果给予善意和宽容。

5. 小心眼的数学家

在非欧几何的创立过程中，一般都认为有三个人贡献最大。首先是罗巴切夫斯基，其次是高斯和波尔约。相比罗巴切夫斯基和高斯，波尔约好像很少为人所知。

波尔约的父亲老波尔约是大数学家高斯的同学，曾经致力于第 5 公设的证明，但是毫无收获。年轻的小波尔约对第 5 公设也很感兴趣，老波尔约知道后，立即写信给他，希望他放弃这个课题：

“它会剥夺你的所有时间，剥夺你的健康，剥夺你的幸福，这个地狱般的黑洞将吃掉成千个像牛顿一样的人……”

波尔约没有听从父亲的劝告，经过努力，终于也创立了非欧几何。他的论文发表了，只比罗巴切夫斯基晚了 3 年。

小波尔约将论文寄给高斯。高斯看了论文，说这个匈牙利青年有很高的天分，又说“和自己 40 年来思考所得的结果不约而同”。

波尔约以为高斯想剽窃自己的成果。到 1840 年，他读到罗巴切夫斯基的论文的翻译版时，更是意志消沉，从此不再发表任何数学论文。

父亲的恫吓式的劝告没有使他停止研究，研究工作中的困难也没有使他停止研究，但是他却陷在自己的狭隘认知里，真是可惜！

高斯确实研究了非欧几何，并取得成果，但是他生前从来没有发表过这方面的任何论文。这是因为他怕引起社会上的不良反应。

波尔约后来经历了车祸、糟糕的婚姻，又陷入贫穷，得知罗巴切夫斯基的成果后，他只得从文学写作中寻找安慰，但没有成绩。

他死后 30 年，匈牙利才修复了他的坟墓，建造了一座塑像以纪念他。后来匈牙利科学院还设立了波尔约国际数学奖，希尔伯特、庞加莱、爱因斯坦等都得过此奖。

6. 你怎么知道天有多高呢？

我们中华民族有着灿烂辉煌的古代文化，我们的祖先对几何的研究也曾处于遥遥领先的地位。

伏羲、女娲是古代神话里华夏民族的人文先始，考古专家早就发现伏羲和女娲手执规、矩的形象，规是画圆的圆规，矩是带有直角的尺。由此，我们可以想象，这些几何作图工具的发明年代一定是非常久远的。

许多人都知道大禹治水 13 年，“三过家门而不入”的故事。大禹治水的时候总是随身携带规、矩、准绳等工具。

公元前 1000 年左右，周公向天文学家、数学家商高请教数学：

“天有多高，我们没有办法弄一个梯子上去量；地也不可能用尺来度，那么数从哪里得来呢？”

商高答曰：“我们是用髀和日影来测量日月星辰的。髀是八尺长的一根棒，把这根棒竖立起来，在太阳下产生了影子，这样就形成了一个直角三角形，我们主要靠日影来测量天文现象。”

周公问具体如何算，商高答：“勾广三，股修四，径隅五。”

后来，这段对话被收入了《周髀算经》一书中。《周髀算经》是我国最早的天文数学著作，成书年代应在千年以上，后来又经过历代不断修订。

在中国古代，人们把弯曲成直角的手臂的上半部分（上臂）称为“勾”，下半部分（下臂）称为“股”。商高说的勾、股，就是借用这个说法，这个日影形成的直角三角形，影子叫勾，髀叫股，那么斜边就叫弦。

商高指出，如果勾（影子）是 3，髀是 4，那么弦就是 5，这就是勾股定理。这比西方发现得要早。

那么商高是不是知道勾股定理的证明呢？

有数学史家考证，认为商高至少知道“勾三股四弦五”这种特殊情况的证明。

7. 刘徽和祖冲之

《九章算术》是我国古代重要的数学著作。在书中第一章“方田”和第五章“商功”中，叙述了各种形状物体的面积、体积的计算方法。

其实，春秋时期，墨子的《墨经》中阐述了许多几何学方面的概念，比如把圆定义为“一中同长”，就是说圆具有一个中心，而且圆周上的每个点到这个中心

的距离都相等。《墨经》中还有两条十分精辟的几何命题，是《几何原本》里没有的。

我们的祖先对圆周率的研究成果更是走在西方学者的前面。

刘徽采用割圆术，从圆内接正六边形开始割圆，依次得正十二边形、正二十四边形……，割得越细，正多边形面积和圆面积之差越小。他计算了正3072边形面积，得到圆周率为3.1415和3.1416这两个近似值。刘徽得到的圆周率的近似值并不精确，但是他提出的计算圆周率的科学方法，已经含有极限思想了！

刘徽的研究成果是很多的，远不止计算圆周率这一项，他的著作《九章算术注》和《海岛算经》，是中国最宝贵的数学遗产。数学家吴文俊评价：刘徽在世界数学史上的地位可与阿基米德相提并论，我们低估了他。

祖冲之推算出圆周率介于3.141 592 6～3.141 592 7，是当时世界上最好的结果。而且，这项世界纪录保持了1000多年。为了纪念祖冲之，月球背面有一座环形山被命名为“祖冲之环形山”。祖冲之的儿子祖暅提出的计算球体积公式一直沿用至今，以他的名字命名的“祖暅原理”，比意大利数学家卡瓦列利的相同定理早了1100多年。

下面讲讲刘徽和祖冲之的小故事。

刘徽避雨

有一日，刘徽在山崖下避雨，发现崖壁下有一裂缝，里面竟然是个小山洞。虽然这时刘徽很年轻，但已经有了科学家的特征：好奇心重。他想一探究竟，竟然住进小山洞不回家了。

他在山洞里干什么呢？他在研究八卦，并利用洞口的两棵树测量方位。家里人没有办法，只得每天让佣人给他送饭菜。

有一次，他吃饭时汤勺掉落，这个汤勺恰好掉在了一个“合适”的地方。

我们知道八卦图有一道弯弯的曲线，把一个圆分成了两部分（阴阳鱼）。每一部分里又有一个小圆点（鱼眼）。这只汤勺就落在画了八卦图的盘子的中心。

他发现，勺柄正指向洞口，他知道这是北极星的方向。他拨动一下汤勺，汤勺转动停下后，勺柄竟仍然指向洞口……

他反复摆弄这个汤勺，一会儿在洞里，一会儿又到洞外，一边摆弄一边思考这是什么道理。后来他发现，原来这个汤勺有磁性。尽管司南在当时已为人知晓并在运用，但刘徽的钻研精神也非常了不起。

后来，人们就把他这个避雨洞叫作北极洞。当然这只是个传说，谁也没有考证过这个洞在何方。

祖冲之对经书不感兴趣

祖冲之出身技术官员家庭，祖父是宋朝的一个管理朝廷建筑的官吏。

当时社会上重文轻理。祖冲之 9 岁时，父亲祖朔之逼着他读《论语》。只有 9 岁的孩子面对这种枯燥、深奥的文字，死记硬背，太苦了。两个月，小冲之只背了十几行。

父亲教训他说：“你要用心读经书，将来就可以做大官。不然，只能做乞丐。”

祖父看到这种情况，觉得不能把孩子硬关在书房里念书，就领小冲之到他负责的建筑工地上去开眼界、长见识。小冲之随祖父到了工地上，处处感到新鲜，东奔西跑，问这问那。

“屋檐上的翘角弯弯的，是怎么画出来的？”

“月亮为什么有时圆有时缺?”

“月亮里有嫦娥吗?”

祖父还教他看天文书,这样一来,小冲之像换了个人一样,完全没有懒散的样子。后来祖父干脆把他引荐给著名天文学家何承天,何承天是当时负责历法的官员。

何承天问小冲之:“研究天文是很苦的,没日没夜地观察天象,还要进行反复的计算。你喜欢它,何苦呢?”

小冲之回答:“喜欢了就不觉得苦。”

何承天又问:“研究天文,一不能升官,二不能发财,你为什么要学习它呢?”

小冲之回答:“我不求升官发财,只想弄清天上日月星辰的秘密。”

何承天听罢笑得合不拢嘴,说:“好,我收你为徒了。”

祖冲之后来成长很快,在天文方面研制了大明历,在数学上把圆周率算到小数点后 7 位。要知道,当时的计算工具就是筹算,要计算出这样的结果是很困难的,想来他应该有“绝招”。可惜,记录祖冲之绝招的一本书《缀术》已经失传。

推行新历

我国历代都有研究天文的官员,并且根据天文研究的结果来制定历法。到了南北朝的时候,祖冲之认为现行历法还不够精确。他根据长期观察的结果,创制出一部新的历法,叫作“大明历”。大明历测定的每一年的天数,跟现代科学测定的只相差约 50 秒,可见它的精确度是很高的。而且当时没有望远镜这些先进的设备,得到这个成果是很不容易的。

公元 462 年,祖冲之请求孝武帝颁布新历,但是一个有权有势的大臣戴法兴出来反对,他认为祖冲之擅自改变古历,是离经叛道的行为。他不知道与时俱进,实在荒唐。

祖冲之当场用自己研究的数据回驳了戴法兴。戴法兴倚仗皇帝这个靠山,蛮横地说:“历法是先人制定的,我们后人应该老老实实地遵循祖训,不应该改动。”

面对强权,祖冲之心怀真理一点也不畏惧,坚持主张推行新历。

宋孝武帝心向戴法兴，于是找了一些懂得历法的人跟祖冲之辩论，结果都一一被祖冲之驳倒了。但是宋孝武帝还是不肯颁布新历。直到祖冲之死后十年，他创制的大明历才得以施行。

8. 吴文俊口出“狂言”

明朝时，意大利人利玛窦来到我国。1606年，他和明朝数学家徐光启共同翻译《几何原本》。“几何”作为一门学科的名称，在我国就是这个时候开始采用的。

但是，世界上都认为，以《几何原本》为代表的公理系统是最先进的数学理论。

公理化的思想固然很好，但是不能说明我国的数学没有思想，或者说我国的数学思想是实用主义的，是落后的思想。

当代著名数学家吴文俊站出来说话了。

吴文俊是新中国首届(1956年)国家自然科学奖(当时的名称是“中国科学院科学奖”)一等奖获得者，当时一等奖得主共三名——华罗庚、钱学森和吴文俊。2000年，国家又首次颁发国家最高科学技术奖，数学家吴文俊和水稻专家袁隆平获了奖。可想而知，吴文俊有多厉害。

吴文俊早年研究拓扑，晚年研究机器证明，开创了数学的新方向，他的方法被称为“吴方法”，后来他又研究中国数学史。

吴文俊把中国传统数学的思想概括为机械化思想，指出它是贯穿于中国古代数学的精髓。他循着古算家的思路，复原了《海岛算经》里的解题方法。后来，针对有些国人言必称希腊，认为欧几里得的公理思想是数学发展的唯一源泉的论点，他提出自己的观点：

关于数学发展，有两种源泉(两种！不是只有公理化思想)，就是以希腊数学为代表的演绎式数学，以及以中国古代数学为代表的算法式数学。

我国数学发展有自己的特色，那就是机械化，就是算法思想。从现今数学发展来看，随着电子计算机的飞速发展，我国的机械化思想越来越显得重要。他提出的用计算机证明几何定理的“吴方法”就是机械化思想的体现。因此吴文俊被称为我国人工智能的开拓者。

吴文俊开启了中国数学史研究的新阶段，为国人争了一口气！据说，一向谦虚谨慎的吴文俊也口出“狂言”：“我是真正理解中国古代数学的第一人。”

下面看吴文俊的两个小故事。

“我并不在乎”

1947年，吴文俊留学法国，从接触拓扑学开始，仅仅一年的时间，他就对惠特尼的一个权威性工作进行了改进。惠特尼看了吴文俊短短证明之后说：“我的证明可以扔进垃圾桶里去了。”另一位大师霍普夫对吴文俊的成果表示怀疑，带了学生前去“挑战”，28岁的吴文俊因为真理在手，毫不畏惧，侃侃而谈，霍普夫最后信服了，还邀请他去讲学。

吴文俊创造的“吴公式”“吴示性类”“吴示嵌类”等，引起了数学界的“地震”，他也被誉为拓扑界的四大天王之一。

1951年，就在事业如日中天的时候，他毅然选择回国，参加新中国的建设，在数学研究方面作出了极大的贡献。

1958年，他重访法国，有法国朋友对吴文俊说：“你若是晚走几个月，也许1954年的菲尔兹奖就给你了。”

1954年的菲尔兹奖获得者有两人，其中一位就是日本的小平邦彦。

菲尔兹奖可是数学界的诺贝尔奖，错过这样一个机会，一般人都会懊悔不已。而吴文俊淡淡地说：“我并不在乎。”

不懂负负为什么得正

2000年，首次颁发国家最高科学技术奖，得奖的是吴文俊和袁隆平。在央视对两位获奖者进行采访时，两人初次见面，一见如故，有一段对话很有意思。

“吴老，我想请教一个数学问题。”袁老说。

“请讲讲看，不知道我能不能回答。”吴老谦虚地回答道。

“您是杰出的数学家，我这个问题，对您来说肯定是小菜一碟。”袁老说。

什么问题呢？袁老竟然说：“我小时候数学成绩不好，初中时就问老师为什么负负得正，到现在还没有弄懂。请教吴教授，这究竟是什么道理？”

不料，吴文俊听了哈哈大笑。原来他小时候也不懂为什么负负得正，更讲不清为什么负负得正。

吴文俊从上海交通大学毕业以后，一度找不到工作。没有工作，生计就成了问题。天无绝人之路，经一位朋友的介绍，他到一所中学里去教书。教中学数学也是不容易的。他说："记得教负负得正，我从来没有教好过。"

"有一次，教初一，我正在讲负负得正，后排的一个高个子学生大叫，凑答数。把我吓一跳，几乎下不了台。"

"那时，我真是害了不少孩子。至于负负得正，我也不知道现在的老师是怎么教的。"

哈哈，大数学家竟然讲不清负负得正的道理。看来当老师也是需要功夫的。

二、初入几何大门

9. 当心眼睛欺骗你

数学课上，一个学生在解答一道几何题的时候没有说出推理过程，却用直觉来代替论证，他说：“我看上去就是这样的嘛！”于是，数学老师讲述了论证的重要性，并且形象地说：“要相信你的大脑，不要相信你的眼睛。”

这位老师的话尽管不够全面，但有一定的道理。事实上，眼睛经常会“骗”人！

图 9-1 是个高礼帽，如果不用尺量，只用眼睛看，一定以为高礼帽的高度 AB，比帽檐的直径 CD 长，事实上二者却是一样长。

图 9-2 中的直线上有 6 条一样长的线段：AB、BC、CD、DE、EF、FG，可是它们看起来却并不一样长。

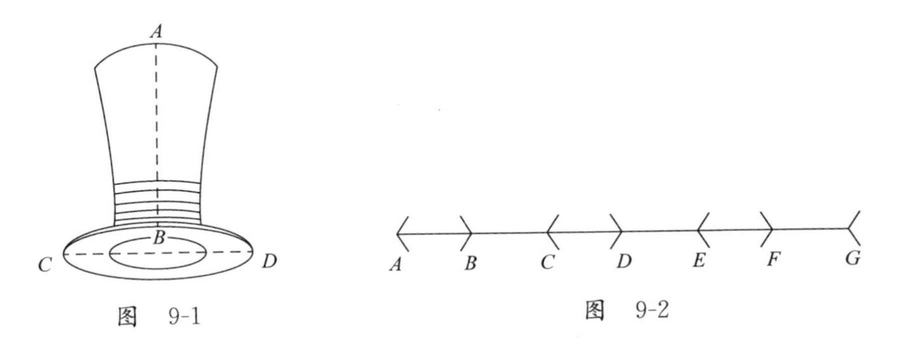

图 9-1　　图 9-2

图 9-3 中，大梯形的边 AB 看上去要比小梯形的边 CD 长一些，如果你用尺量一量，就知道它们是一样长的。

图 9-4 中斜穿过宽线的一组线段，是不是位于同一直线上？

看上去好像不是，其实是位于同一直线上的。

图 9-5 中 a、b、c、d 是一组平行光线，哪一条穿过矩形后从 M 点出来？如果我说是 b，你相信吗？

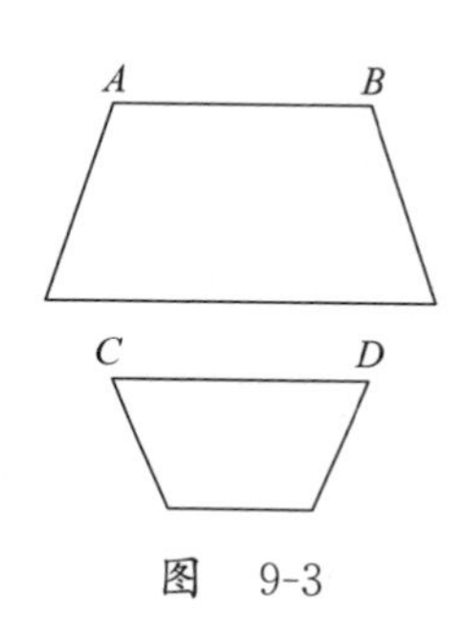

图 9-3

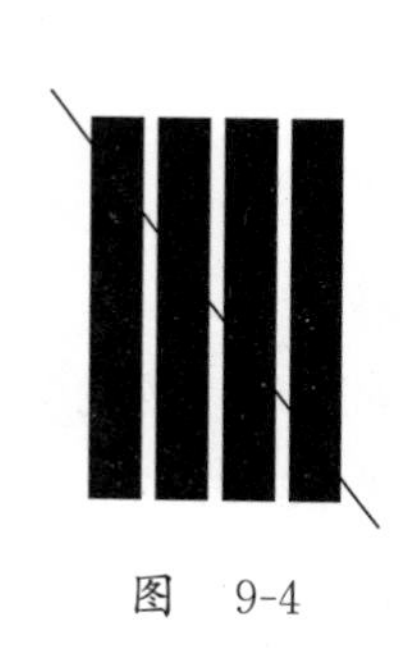
图 9-4

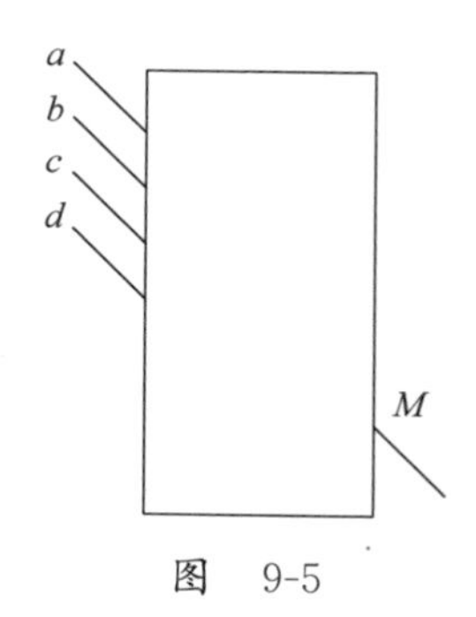

图 9-5

图 9-6 中的直线 AB、CD 看上去不直了。

图 9-7 中一组斜向的平行线仿佛不平行了。

图 9-8 中的正方形似乎不方正了。

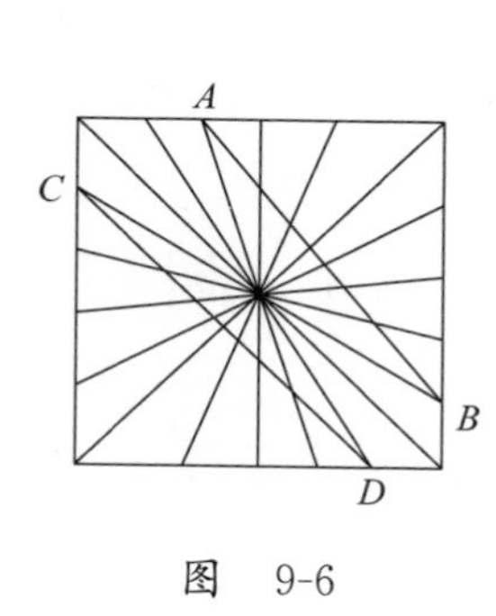

图 9-6

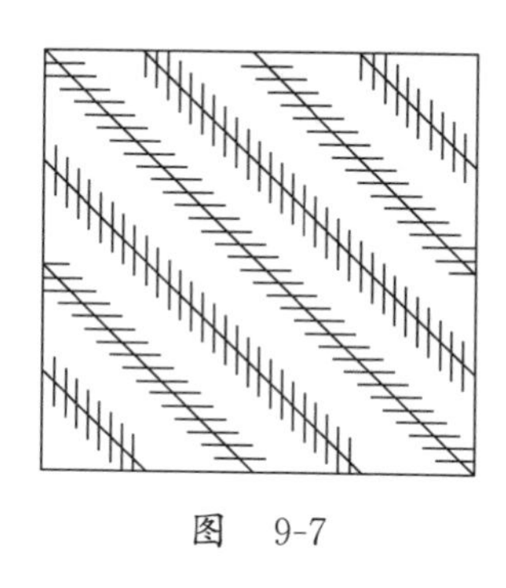
图 9-7

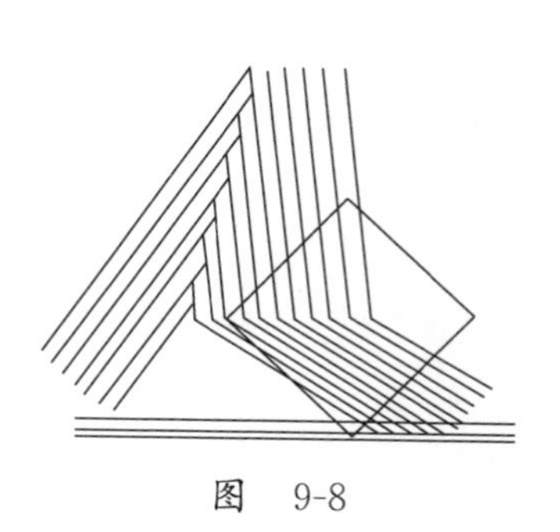
图 9-8

人人都知道钟楼上的钟是非常大的，但是凭直观想象出来的大钟比事实上的大钟仍然要小许多。伦敦威斯敏斯特宫东端塔楼上的大本钟曾经被卸下来修理。当人们站在卸下的大本钟旁，发现自己跟这只钟相比，简直小得像甲虫一样，并且几乎没有人相信：钟楼上的圆孔能装下这么大的钟(图 9-9)！

图 9-9

所以，尽管俗话说“眼见为实”，但在严肃的数学和一切科学面前，光用眼睛是远远不够的！

10. 并不拙劣的画

1836 年的一个早晨，刚满 4 周岁的小麦克斯韦正在聚精会神地画画，因为他的父亲让他对着一瓶金菊写生。

过了一会儿，父亲悄悄地走到小麦克斯韦身后，一看，不由得啼笑皆非。原来儿子的画稿上满纸都是一些几何图形：大大小小的圆构成了美丽的金菊花朵，各种各样的三角形表示菊花的叶子，花瓶则被画成了一个匀称的等腰梯形。

许多小孩子都喜欢用几何图形作画。比如用一个圆和三条直线画出躲在云彩里的月亮；用两个圆、两个矩形画出正在行驶的卡车。

对于这些图画，许多人认为太简单了，简直不值得一提。可是在国内外不少心理学家、教育学家的眼里，用几何图形作画，却是发展和检查学生思维能力的一个方法。

1984 年，上海师范大学的几位教师，对大约 500 名中小学生进行了创造性最优化结构的调查研究。其中一题是：给你两个圆、两个三角形和两条直线，请你同时用这些简单的图形和线条，组成各种有意义的图案。被测验者兴致勃勃地画出了很多新奇独特、别具一格的图案(图 10-1)。

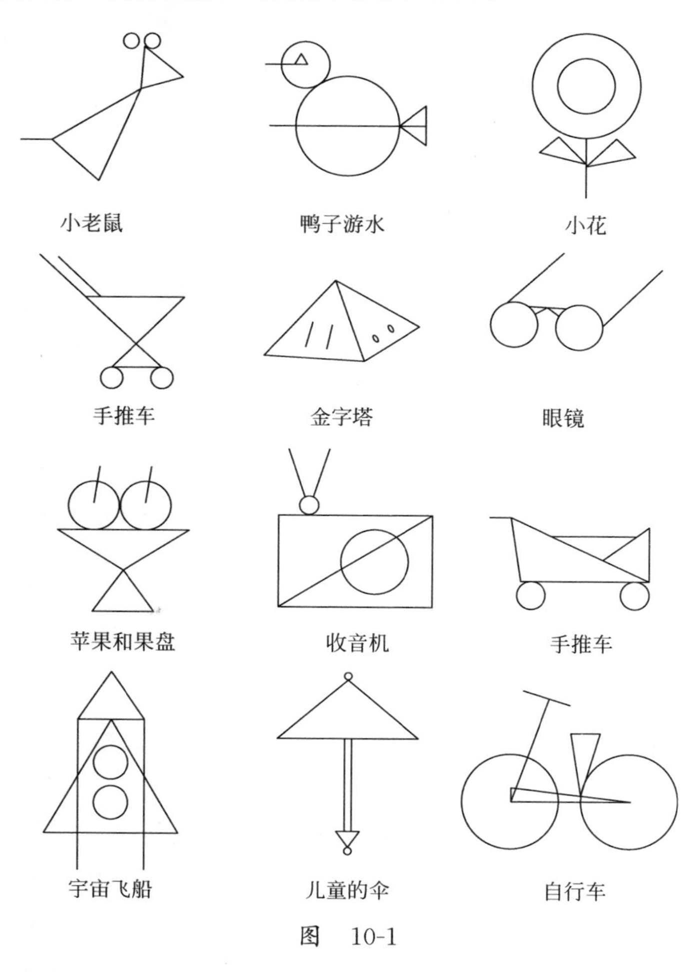

图　10-1

有些平时学习成绩不好的学生，在这次测验中思维活跃，想象丰富，画出了高质量的图案。这次测验使他们重新认识了自己的学习能力，坚定了学好数学的信心。

一位科学家说过："凡是能自由想象并把互不相干的各种观点结合起来的人，就是勇敢的、最有创造性的实验者。"愿你在学习数学尤其是几何学的时候，既动脑又动手，充分发挥自己的想象力，使自己成为一个富有创造精神的人。

11. 商标里的数学图形

奶奶让孙子小滔默写字。

"部分的部。"

小滔认认真真地写了个"陪"。

"广场的广。"

小滔竟把"广"字的一撇搬到了右边。

这弄得奶奶哭笑不得。

不要以为这是笑话，这种情况其实为数不少。比如儿童分不清左右手，分不清一双鞋子的左右，直到长大了才慢慢地弄清楚。

这里面涉及一种叫作对称的知识。它既是几何概念，也是一种心理现象和思维方式。有学者研究了儿童的心理发展，发现认识对称有个过程，这种把"部"写成"陪"，把"广"的一撇搬到了右边的情况，在儿童中还是不少的。这是一种认知障碍，我们从小就应该引起重视，加以训练，以免将来影响学习。

下面来谈谈对称。

我们会遇到很多图形，有的很有规则，有的杂乱无章。在那些规则的图形里，有些就是有对称的现象。

通常，对称有两种——轴对称和中心对称。轴对称就是沿着一条直线（这条直线叫对称轴）折叠，这个图形就重合了。而中心对称，则是绕着一个点（这个点叫对称中心）旋转 180°，这个图形重合了。

和过去相比，时代发生了很大变化。现在，各种商品都有商标，各个企业也有自己的徽标，这些对于小朋友认识图形，特别是对称图形来说是极佳载体。

图 11-1 中大多是你熟悉的徽标，这些图形中，哪些是轴对称的？哪些是中心对称的？

图　11-1

轴对称图形比较容易找。b、c、d、e、h 是轴对称的，其中 h 的对称轴是一条横向的直线。其余的请你找一找。

中心对称找的时候稍困难些。a、g、j、l 是中心对称。需要注意，b、f 不是中心对称的，它们都是围绕一个点旋转 120°（而不是 180°），图形重合。其余的中心对称图形，请你找一找。

还有一些图形既不是轴对称图形，也不是中心对称图形，比如 i、k、n、r。

在几何里，我们会遇到三角形、四边形、五边形以及圆形等图形。

在三角形中，等腰三角形是轴对称图形（图 11-2），对称轴是顶角平分线。而特殊的等边三角形也是轴对称图形，它有三条对称轴。

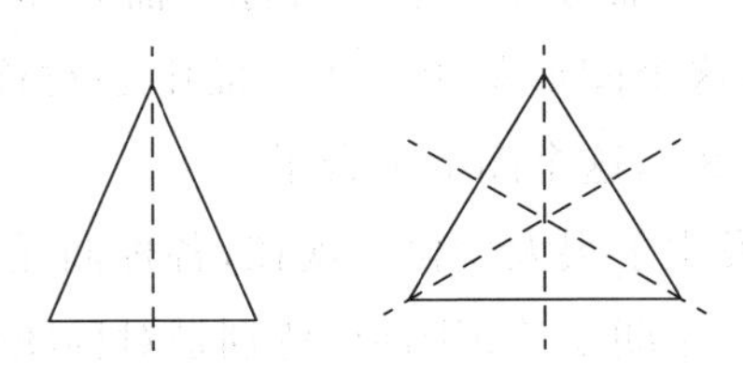

图　11-2

四边形里，长方形是轴对称图形(图 11-3)，它有两条对称轴，分别是对边中点的连线。正方形是特殊的长方形，它的对称轴有四条，除对边中点连线之外，两条对角线也是对称轴。不仅如此，正方形还是中心对称图形。对称中心是它的对角线交点。

四边形里还有一种图形叫梯形。等腰梯形是轴对称图形(图 11-4)，对称轴是上下底边中点连线。

圆形是轴对称图形(图 11-5)，任何一条直径都是它的对称轴。圆形也是中心对称图形，对称中心就是圆心。

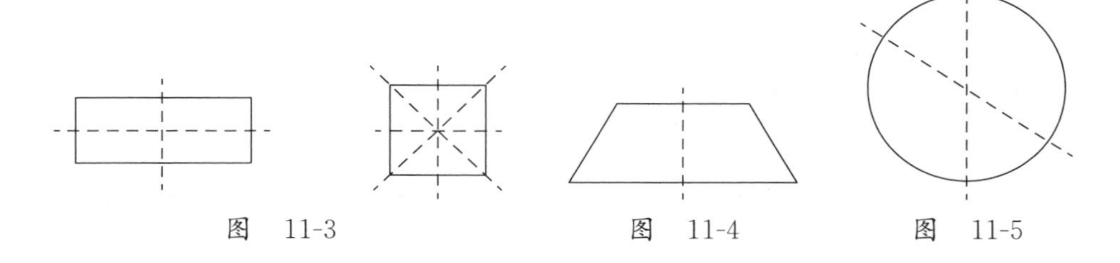

图　11-3　　　图　11-4　　　图　11-5

对称的知识，在几何中比较重要，在日常的生产生活中运用广泛，例如大量的建筑，如天坛、凯旋门等。

12. 数一数

在一次联欢会上，主持人出了一道有奖问答题。

题目是：图中有几条线段(图 12-1)？

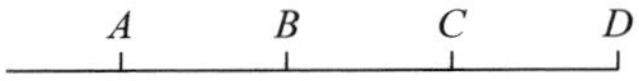

A　B　C　D

图　12-1

大斌说：“AB、BC、CD，共 3 条。”

错！

小伍说：“再加上 AD，共 4 条。”

错！

主持人提示：“要知道，AB、BC、CD 这 3 条线段是最基本的线段，其实将它们组合起来也是线段。”

阿光恍然大悟：“喔！那么还有 AC、BD，因此一共 6 条。”

主持人说：“你答对了，加 10 分！”

答对了当然好，但是我们还要分析一下思路，否则遇到下一道题又不会了。

如果多加一个点 X(图 12-2)，那么一共有多少条线段呢？

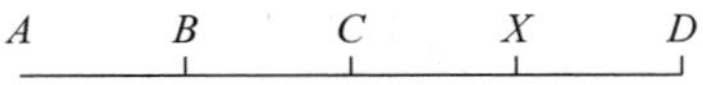

A　B　C　X　D

图　12-2

你可能会说，AB、BC、CX、XD 4 条，再加上 AC、BD、CD……一下子数乱了。

我教大家一个办法，叫有序思考。

比如可以这样数：(1)先抓住 A 点，从 A 点出发的线段有 AB、AC、AX、AD 4 条。

(2) 再看 B 点，从 B 点出发的线段有 BA、BC、BX、BD，其中 BA 刚才已经数过了，不要重复了，所以共有 3 条。

(3) 再考虑 C 点，从 C 点出发的线段有 CX、CD 2 条。

(4) 最后考虑从 X 点出发的线段，只有 XD 这 1 条。

加起来，一共有 10 条。

数法不是唯一的，也可以用下面的方式数：

(1) 基本线段有 AB、BC、CX、XD 4 条。

(2) 由 2 条基本线段组合而成的线段有 AC、BX、CD 3 条。

(3) 由 3 条基本线段组成的线段有 AX、BD 2 条。

(4) 最后由 4 条基本线段组成的线段只有 1 条：AD。

有序思考的好处是，不会重复，不会遗漏。你学会了吗？

好，下面的题目复杂一点。图 12-3 中一共有多少个长方形？

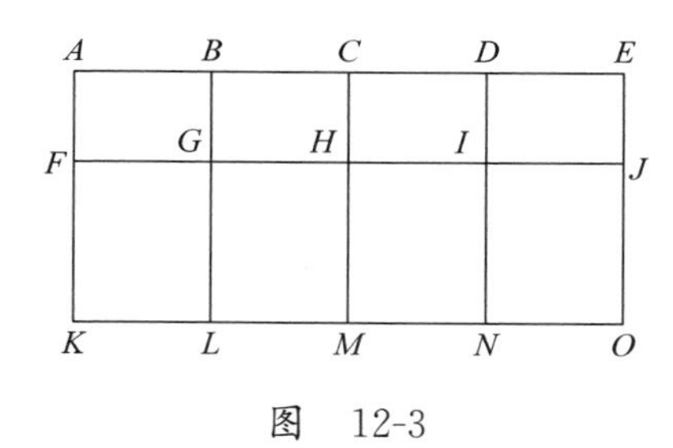

图　12-3

千万不要说只有 8 个，想一想还有组合起来的长方形呢！记住：有序思考。

(1) 先数基本的长方形，8 个。

(2) 再数由两个小长方形组合而成的长方形。

这里又要分一分，由两个小长方形组合而成的长方形可以有两种：一种是横向的两个小长方形组合，另一种是纵向的两个小长方形组合。

(a) 先分析纵向的。

$AKLB$、$BLMC$……很明显有 4 个。

(b) 再分析横向的。

① 上面一层，有 $AFHC$、$BGID$、$CHJE$ 3 个。

② 下面一层，也有 3 个。

(3) 接下去数由 3 个小长方形组成的长方形。纵向的没有了，而横向的也有两种可能。

① 先上面一层的，$AFID$、$BGJE$ 2个。

② 下面一层也是2个。

(4) 再接下去，考虑由4个小长方形组成的长方形。显然上下层各1个，共2个。

(5) 最后，不要忘掉1个最大的长方形$AKOE$。

总结一下，共有25个。

图12-4的问题供大家思考。

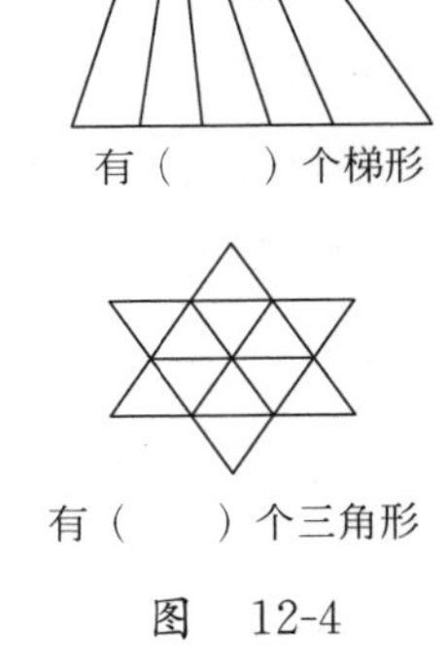

图　12-4

13. 学习几何观察始

人生识字忧患始，那么学习几何从哪里开始呢？我认为是“学习几何观察始”，观察图形，是学好几何重要的一环。

有人能一眼从图中看出这两个三角形可能全等，那两条线段可能相等，但是有人就是视而不见。

观察需要训练，而观察中有几种障碍。

第一种观察障碍是“标准图形”。这是苏联心理学家孜科娃首先发现的。她发现教师常常把图形画得很规整(标准图形)，哪知这样做有个问题，就是学生看到不那么规整的图形(非标准图形)，就认不出来了。

图13-1里一共有几个直角三角形？

一个直角三角形，往往会画成两种标准图形，一种是把一条直角边画成水平，另一条画成铅垂(和水平线垂直)(图13-2)。另一种就是把斜边画成水平，如图13-1中的$\triangle BCD$和$\triangle BCE$。

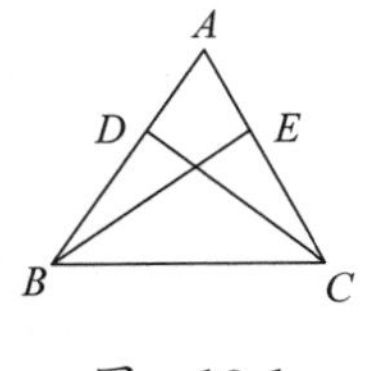

图　13-1

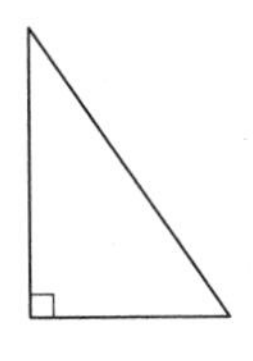

图　13-2

对于图 13-1，有人往往只看到了两个标准直角三角形，即$\triangle BCD$、$\triangle BCE$，其实$\triangle ABE$、$\triangle ACD$ 也是直角三角形，但是常常被忽视了，因为它们是非标准图形。你一下子观察不出来，进而影响你的认知和解题速度。所以在非标准图形里找到需要的东西很重要。

标准图形带来的观察障碍，对初学者影响比较大。我国心理学家后来做过实验，发现这种影响到后来逐渐变小了。

第二种观察障碍是“背景干扰”。

图 13-3 中有哪些角是相等的？

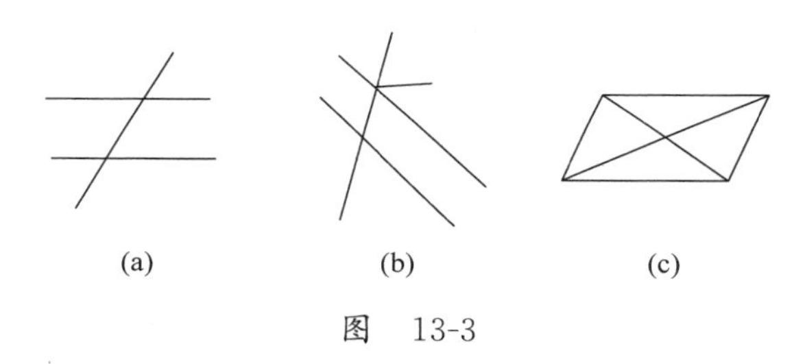

图 13-3

图 13-3 中，图(a)比较简单，一组平行线被第三条直线截，形成所谓的三线八角，有 4 对同位角相等，2 对内错角相等，2 对外错角相等，还有 4 对对顶角相等。

图(b)不是“三线八角”的标准图形，斜着画了，还多了一条线段，形成了背景干扰。

图(c)有两组平行线，我们可以进行有序思考。先看上下一组平行线。再看它们被哪条(第三条直线)所截。两条对角线都可以作为第三条直线。你把其中一条当作第三条直线，认定之后，那么另一条对角线以及左右两条平行线，都是背景干扰。想象它不存在了，之后再看它们被另一条对角线所截，又形成了三线八角。

再看左右一组平行线……

这个题，除三线八角之外，其实还有对顶角相等，不能遗漏了。

我们在观察时，一定要集中精力观察主要的线条，而把其他线条忽略掉，排除干扰。

第三种观察障碍是“组合图形”。前文里数线段的条数、长方形的个数，就是遇到了这样的问题。

已知$\triangle ABE$中，$AB=AE$，$BC=DE$，求证：$AC=AD$（图13-4）。

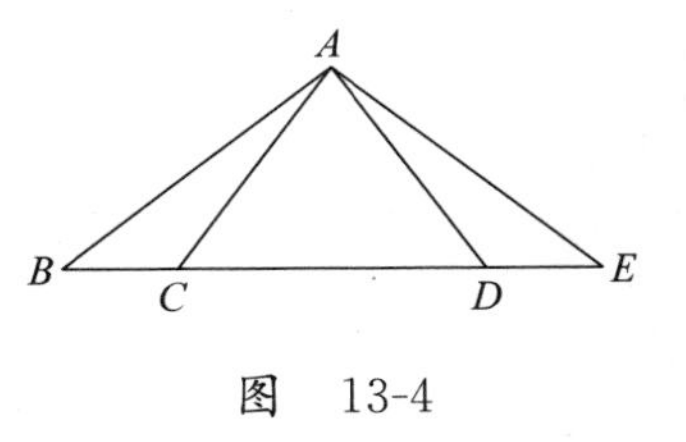

图　13-4

大多数学生都只有一种解法，即先证明$\triangle ABC\cong\triangle ADE$，然后证得$AC=AD$。很少有人先证明$\triangle ABD\cong\triangle ACE$。这说明，“基础图形”$\triangle ABC$、$\triangle ADE$容易被观察到，而“组合图形”$\triangle ABD$（$\triangle ABC$和$\triangle ACD$组合而成）、$\triangle ACE$（$\triangle ADE$和$\triangle ACD$组合而成）不容易被观察到。

这三种观察障碍，请读者们务必重视。

下面做点练习。

(1) 图13-5中有几对相等的线段，几对相等的角？

图13-6中，假定$a//b$，$c//d$，那么有多少对角相等？

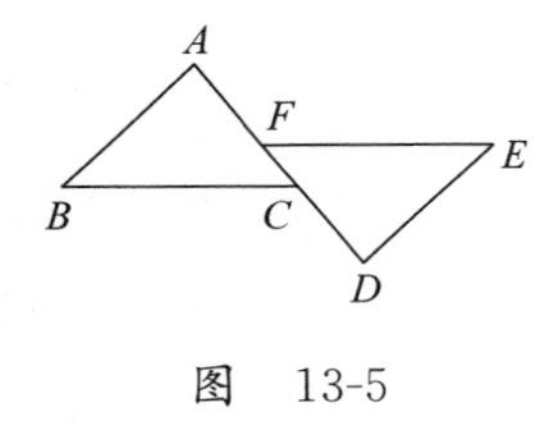

图　13-5

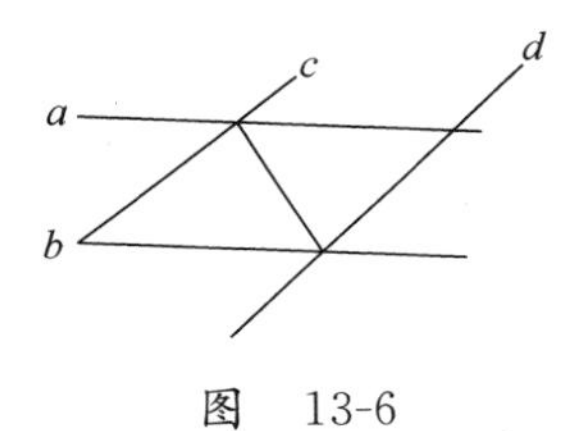

图　13-6

(2) 图13-7中的两个图里各有几个直角三角形？

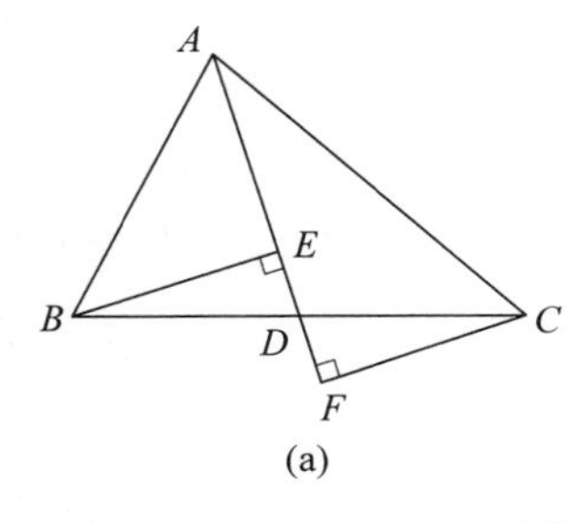

(a)

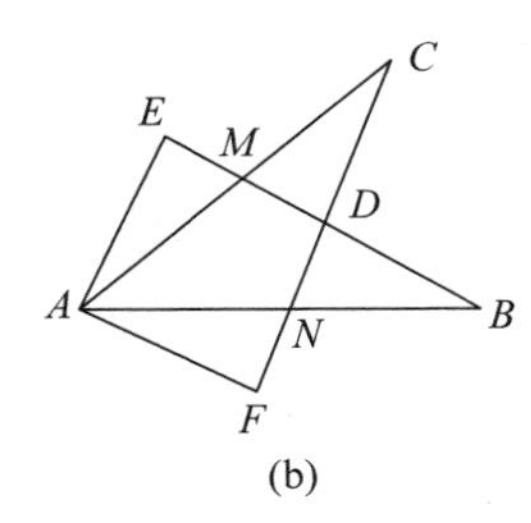

(b)

图　13-7

(3) 图13-8中各有几对相等的角？

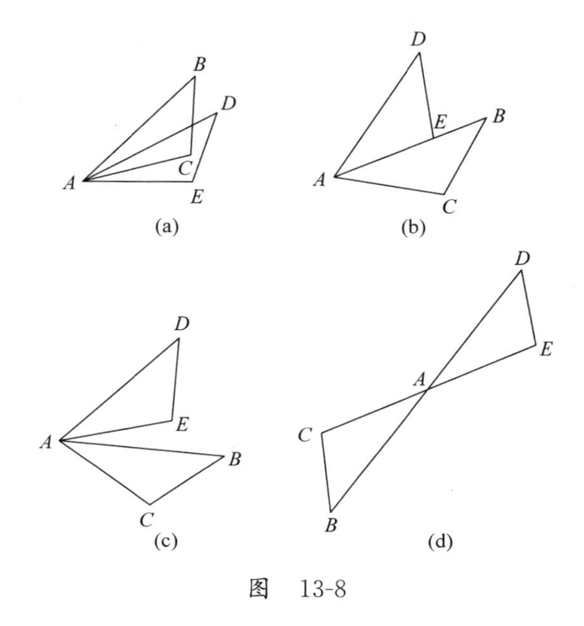

图 13-8

善于观察是很重要的，前面说过，观察是需要训练的。

进一步，我们不但要善于观察，还要学会凭空想象，并且把图深深地刻在脑子里。这也是学好平面几何的诀窍！

第一，看见题目，应该留一点时间，不要急于画出图来，不要依靠笔和纸，凭空想象一下题目涉及了怎样的一个图形。然后，快速画出草图。

正规的图有正规图的作用，草图也有草图的好处。思考问题时画草图，这样可以提高效率，也培养了自己抓主要矛盾的思维习惯。

第二，对于难题，往往要日思夜想。而在日思夜想的时候，未必有纸和笔，无法画图，这就要求在头脑中有个图，凭空思考。据说华罗庚就是常常躺在床上想怎么解题的。过去的出租车司机，也是把这个城市的地图记在心里的，这是司机的基本功。

第三，解完题之后不要一丢了事，要“复盘”。棋手在比赛之后，教练会要求棋手把下棋的过程重复一遍，这就是复盘。经过长期的复盘训练，棋手的脑子里能够把一幅幅图形记得清清楚楚，盲棋手就是这样培养出来的。借鉴棋手复盘的经验，我们可以把做过的几何题，在脑子里想一遍，如果有可能，可以向其他人讲述一遍(可以即时画草图)。

观察是一种本领，更厉害的本领是凭空想象。

作为凭空想象的一个练习，大家可以做个游戏。这个游戏大家都知道，但是我要求大家下“盲棋”。

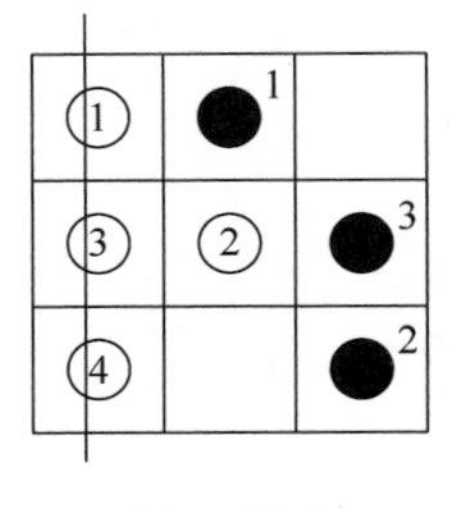

图　13-9

想象有个棋盘：在纸上有一个九宫格或者“井”字图案。

甲执白子，乙执黑子，两人对弈。两人轮流在格子里放一颗棋子。谁的棋子可以先连成一条线，谁为胜。

图 13-9 反映甲乙的对弈过程，白子先走，结果是甲方胜出。

试试，一定可以加强你的凭空想象的能力！

14. 直觉也会带来麻烦

这是一个几何入门阶段出现的例子。

例 1　点 O 是直线 AB 上的一点，OC、OD 是直线 AB 两旁的两条射线，且 $\angle AOC=\angle BOD$，如果 $\angle AOC=50°$，求 $\angle COB+\angle BOD$ 的大小(图 14-1)。

小刚说：“这还不简单。因为 $\angle AOC=50°$，所以 $\angle BOD=50°$，二者是对顶角……”

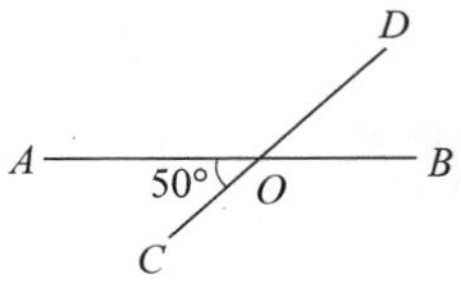

图　14-1

老师说：“错！”

小刚不服：“错在哪里？”

头脑清晰的小明看出来了：“噢，毛病在这里。”

“我们现在还不知道点 C、O、D 在不在一条直线上，因此不能说 $\angle AOC$ 和 $\angle BOD$ 是对顶角。”

小刚：“你看看，点 C、O、D 明明在一条直线上，怎么说它们不在呢？”

小明：“我是说**现在还不知道**。”

老师满意地笑了。

原来，图中的两条射线 OC 和 OD 组成一条直线(事实上确实是正确的，这不但能观察到，而且即使去测一下也是正确的)，但这不是已知的，所以证明时不可以引用。

这就是直觉带来的麻烦，滥用了图形信息造成了错误。

我们的几何体系是从给出的已知条件出发，根据某些公理、定理，推导到结论的，依据只有两个：已知条件，已经学过的公理、定理。从图上看着正确的，而且有的后来确实可以证明它为正确的东西（我们姑且把它称为“图形信息”）是不能作为推理的依据的。

生活中有句成语叫“眼见为实”，但是在几何里，眼见的未必可以确定是真实的。学几何，就是不能相信自己的眼睛，不能利用图形信息作为推理的依据。

滥用图形信息是因为在初学几何时，人们还处在形象思维阶段，对逻辑思维不适应。我们前文讲了观察的作用、重要性，这是一种直觉的能力。但是我们不能停留在观察的层面，观察之后，必须升华到理论，还要试着讲讲道理。这样可以逐步从形象思维阶段过渡到几何论证的逻辑思维阶段。

观察是重要的，但是观察、直觉也常常给我们带来麻烦。

不但在几何入门阶段，在后面的阶段也会出现类似的情形。

例 2 （平行四边形的判定定理）已知四边形 $ABCD$，$\angle A=\angle C$，$\angle B=\angle D$，则 $ABCD$ 是平行四边形（图 14-2）。

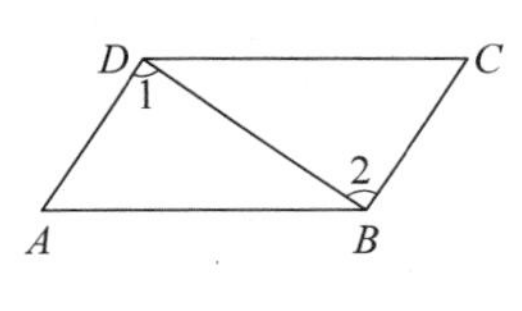

图 14-2

有学生做了如下的证明：

因为 $BD=BD$，$AD=BC$，$AB=CD$，

所以$\triangle ABD$ 和$\triangle BCD$ 全等，所谓全等就是可以重合起来的。

既然两个三角形全等，且可以重合起来，那么对应的角（边）应该相等。

所以$\angle 1=\angle 2$，于是 $AD//BC$，

同理，$AB//CD$，

所以 $ABCD$ 是平行四边形。

为什么 $AD=BC$，$AB=CD$？

那位学生振振有词地说：“$ABCD$ 是平行四边形！所以对边相等！”

我们的题目是要证明 $ABCD$ 是平行四边形，怎么能说它已经是平行四边形了呢？

该“证明”之所以错，是无意之中默认了“$ABCD$ 是平行四边形”的缘故。

例 3 在梯形 $ABCD$ 中(图 14-3)，$AB=12$，$CD=8$，E 和 F 分别是 BD 和 AC 的中点，求 EF 的长。

不少人是这么解的：延长 EF、FE，与 BC、AD 分别交于 K、M，因为 MK 是梯形 $ABCD$ 的中位线，所以 $MK=(12+8)\times\frac{1}{2}=10$。

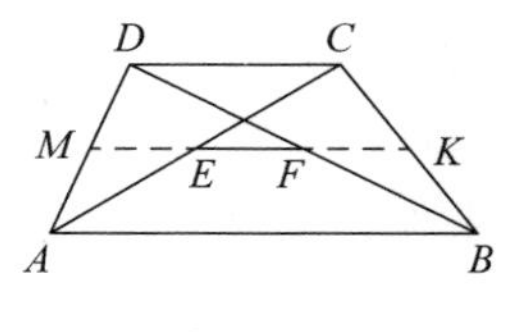

图 14-3

我们不解下去了，到这里，已经出毛病了。

你怎么知道 K、M 分别是 AD、BC 的中点，看出来的或者是想象出来的？这是滥用了图形信息！

眼见并不一定为“真”的。“真”不“真”，必须经过逻辑检验，而不能靠“看出来”。

怎么克服这类错误？我教大家一个方法，就是利用“残缺图形”和“不正确图形”。人家都讲作图要正确，你怎么要弄个“残缺图形”和“不正确图形”？

为了让学生不受或少受直觉的干扰，可以把图 14-1 改画成图 14-4(残缺图形)或图 14-5(故意错位的图形)那样。图 14-4 里的残缺部分和图 14-5 里故意错位的线条，可以让学生警惕：目前还不知道 C、O、D 是不是在同一直线上。

对于例 2，如果把图 14-2 故意画成如下的不正确的图 14-6，直觉的干扰可能会少些。当然也可以画残缺图形。

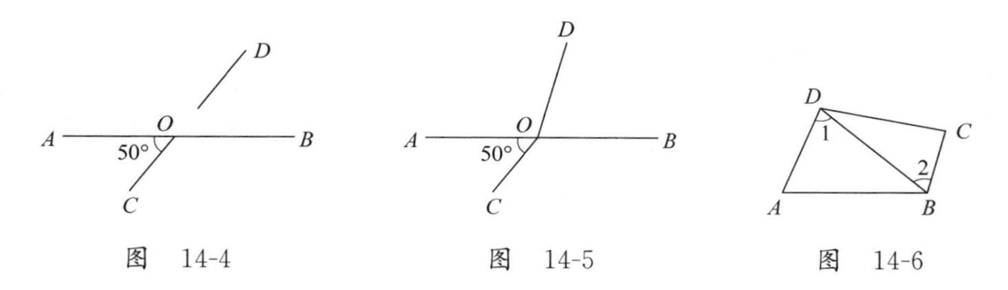

图 14-4　　图 14-5　　图 14-6

残缺图形、不正确图形，有它特殊的作用！

三、点阵图里有奥秘

15. 从 1 加到 100

有一个大家熟知的故事，就是大数学家高斯小时候怎么计算“从 1 加到 100”的。

有一天，老师出了一道算术题。他说：“你们算一算，1 加 2 加 3，一直加到 100 等于多少？”

正当大家忙着计算的时候，高斯站了起来，说：“老师，我算出来了……”

老师一看，只见高斯的石板上端端正正地写着“5050”，不禁大吃一惊。他简直不敢相信，这样复杂的数学题，一个 8 岁的孩子，用不到一分钟的时间就算出了正确的得数。

他怀疑高斯以前算过这道题。就问高斯：“你是怎么算的？”高斯回答：

“我不是按照 1、2、3 的次序一个一个往上加的。我是把头尾搭配起来算的。1 加 100 是 101，2 加 99 是 101，3 加 98 也是 101……一前一后的数相加，一共有 50 个 101，101 乘以 50，等于 5050。”

这个算法也可以用图来显示。为了避免复杂的图形，我们只做 $1+2+\cdots+6$。

看图 15-1 中的左下侧的灰色小圆点。第一排 1 个，第二排 2 个……第六排 6 个。这些小圆点一共有多少个？

右上侧的那些黑色小圆点，是倒过来的，第一排 6 个，第二排 5 个……第六排 1 个。

如同高斯的想法那样，首尾搭配，就组成了 6 行 7 列的一个长方形。它们一共有 $6\times7=42$ 个小圆点。这是灰点和黑点的总和，除以 2，就是灰点和黑点各有$\frac{6\times7}{2}=21$个。

设想1加到100，那么应该是$\frac{100\times101}{2}=5050$。

其实从图15-1中还可以看出，$(1+2+3+\cdots+6)$个灰圆点和同样个数的黑圆点加在一起，得到一个方形的点阵，共6×7个点。于是知道灰圆点或黑圆点的个数应该等于整个点阵数的一半，即

$$1+2+3+\cdots+6=\frac{1}{2}\times6\times7=21,$$

那么，$1+2+3+\cdots+100=?$

推而广之，$1+2+3+\cdots+100=\frac{1}{2}\times100\times101=5050$

我们得到了和前面同样的结果，算是一题多解吧。但是这个式子告诉我们连续自然数的和的公式。根据图15-2，我们了解一下奇数和。

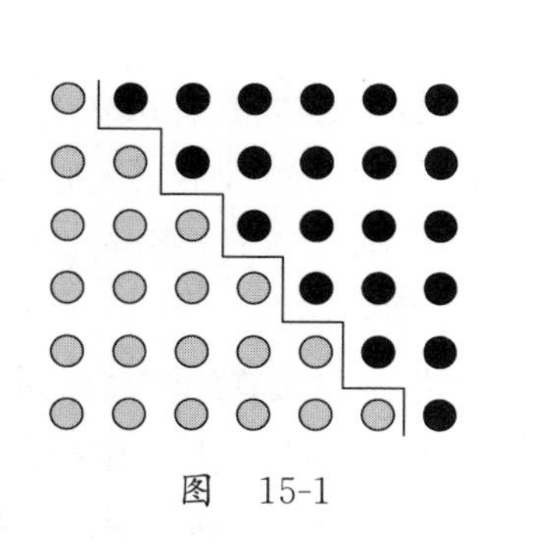

图　15-1

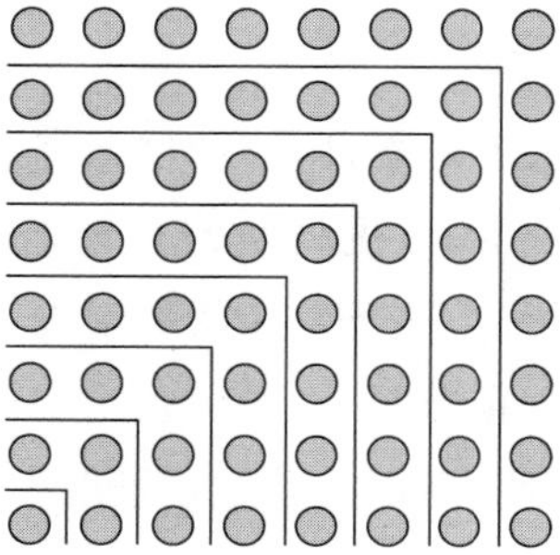

图　15-2

图15-2一目了然，即

$$1+3+5+\cdots\cdots+15=8\times8=64,$$

式子的左边是连续的8个奇数的和，右边是8^2。

推而广之，如果是连续100个奇数的和，应该等于100^2。

你仔细想想这里有个问题，第100个奇数是多少呢？也就是1加3，再加5……一直加到多少呢？即

$$1+3+5+\cdots\cdots+? \tag{15-1}$$

这个问号是多少呢？

告诉你一个秘密，偶数是 $2n$，那么奇数是 $2n-1$。也就是说，

第一个奇数是　　　　$2\times1-1=1$，

第二个奇数是　　　　$2\times2-1=3$，

第三个奇数是　　　　$2\times3-1=5$，

……

第 100 个奇数是　　　　$2\times100-1=199$。

于是式(15-1)里的"?"，应该是 199。

即
$$1+3+5+\cdots\cdots+199, \tag{15-2}$$

找到了偶数、奇数的规律，这个问题就解决了。

还有一个问题，式(15-2)等于多少呢？是 199^2，还是 100^2？我们说，等于做加法时的"项数"100 的平方，而不是"最后一项"199 的平方。

即
$$1+3+5+\cdots+199=100^2=10\,000。$$

这很容易弄错的。因为"最后一项"199，在表达式里是明显地表示出来的，而"项数"100 常常是"隐蔽"的。

最后讲一下算开方。

先解释一下什么是开方。(为了让低年级小朋友阅读顺利，这里避开了负数。)

$2^2=4$，这个 4，是 2 的平方数。做个逆运算，我们说，4 开方得到 2。

$3^2=9$，这个 9，是 3 的平方数。那么 9 开方得到 3。

……

那怎么算开方？比如 10 000 开方后得到多少？

$$1+3+5+\cdots+?=100^2=10\,000, \tag{15-3}$$

式(15-3)中的"?"等于多少，不知道。

怎么办？我们倒着来。

先从 10 000 里减去 1，再减去 3，再减去 5……看减到什么时候，等于 0。

有了前面的铺垫，我们知道一直减到 199，结果是 0 了。即有

$$1+3+5+\cdots+199=10\,000。$$

式(15-3)里的"?"弄清楚了，是 199。但有了这个式子，事情就完成了吗？没有。我们其实不必知道 199，而想要知道的是一共减了几次(就是那个"项数"100)。

于是 10 000 开方，得 100。

不要说这个开方法笨，我读大学一年级时，还没有电子计算机，我们用的是手摇计算机，那时算开方就是这么算的。即使现在人们用电子计算机算开方，电子计算机内部算法还是这种“笨”办法。

16. 盲文是如何编码的

既盲又聋的美国人海伦·凯勒，一岁半时因病丧失了视觉和听力，但是她并没有向命运屈服，凭借坚强的毅力，学会了讲话，并掌握了 5 种文字，后来成为著名的教育家，她的成长经历激励了无数人。我国也有一位盲人女孩，叫董丽娜，经过不屈不挠的努力，她竟然成为中央人民广播电台金牌主持人，可以说她是中国的海伦·凯勒，同样激励着大家奋勇前进。

别的主持人常常在手里拿一张小卡片，上面写着节目的提示词。我看到过一张照片，董丽娜在主持节目的时候手捧了一个小电脑，这大概是代替纸质提示卡片用的，上面应该“写”了不少盲人能够“看”懂的文字。

这就要说到盲文了。

据传，有一个学者给乞讨的盲人一枚硬币，但是这位盲人摸了摸硬币说：“先生，您的硬币可能是假币。”

学者吃惊地问：“你怎么知道的？”

盲人说：“我用手摸出来的。”

学者突然有了灵感，盲人的手的触觉如此灵敏，为何不创造一种通过手指触摸能够识别的文字呢？

后来，用手触摸的盲文就诞生了。

盲文的基本元素是两列三行的点阵，叫作“方”，每个“方”传递一个信息。按照规则，左列依次称为 1 号位、2 号位、3 号位，右列则依次称为 4 号位、5 号位、6 号位(图 16-1)。每个点位上有两种处理方式：凸起和平坦(实际上是用现成的笔和字板，用笔打上点的，把字板反过来就成为凸起了)。一个个“方”就组成了一篇文章，对于我们正常人来说，这简直是天书。盲人就是通过用手指触摸，“看”懂“天书”上的字的。

1 4
2 5
3 6

图 16-1

那么一个“方”上的点阵有多少种变式呢？

1 个点有凸起和平坦两种变化，2 个点就有 4(2^2)种变化（凸凸、凸平、平凸、平平），3 个点呢？8(2^3)种变化。6 个点呢？应该有 64(2^6)种变化。所以一个“方”可以传递 64 种信息。

例如，英语字母 a 用“1 号位”上一个凸点，其余都是平坦的来表示。b 用 1 号位、2 号位上的凸点表示……这样一来 26 个英语字母就都可以表示出来了（图 16-2）。

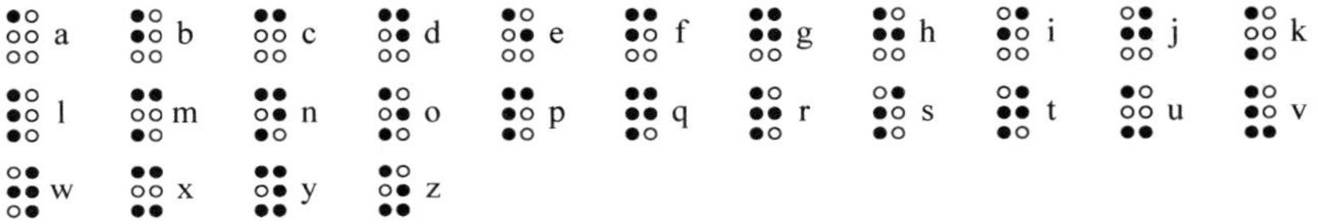

a b c d e f g h i j k
l m n o p q r s t u v
w x y z

图　16-2

这个办法可以用于我们的汉语拼音。比如，数学这个词，就可以用以下几个“方”来表示（图 16-3）：

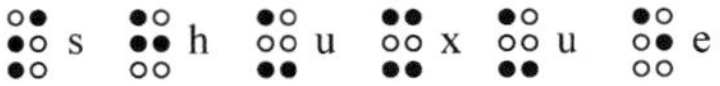

s h u x u e

图　16-3

可简单地记为(234)、(125)、(136)、(1346)、(136)、(15)。

盲文的这种设计，实际上就是用了二进制的原理。

四、勾股定理

17. 我国数学学会的会徽有什么含义？

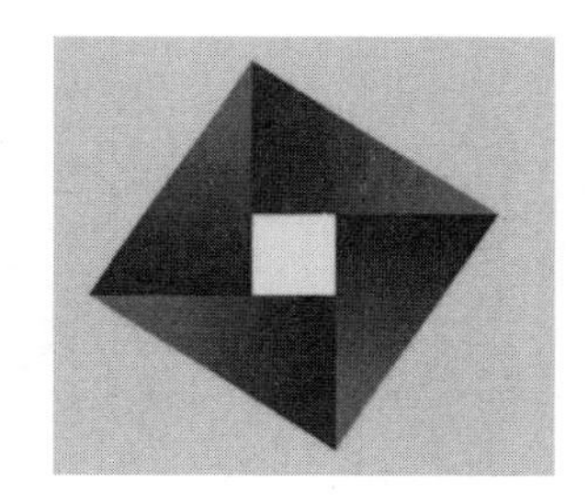

2002 年，世界数学家大会在首都北京举行，这是百年以来中国第一次主办国际数学家大会，是我国数学史上的一个里程碑。我有幸参加了这次会议的“卫星会议”。

为了纪念这个重大事件，我国特地发行了一张明信片。

明信片的右上角邮资处印有中国数学学会会徽标志，这个会徽含义是什么呢？

我们知道，勾股定理的发现是数学史上最重大的事件之一。最早发现勾股定理的是中国人，早在《周髀算经》里已经明确地提出“勾三股四弦五”。

不但如此，2014 年，国际数学家大会在韩国的首尔举行，他们发行了三张邮票以示纪念。这三张邮票中有两张是与我国古代数学成就有关的，一张就是勾股定理，另一张是杨辉三角。

可见勾股定理在数学史上的意义巨大。

《周髀算经》经过了几代数学家的修订补充，因此是几代数学家的智慧结晶。后来，东汉末年的吴国出了个大数学家赵爽，他给出了一个关于勾股定理的既简单又美丽的证明。勾股定理是我国古代辉煌的数学成就，用它作会徽是最合适的。

会徽上的这个图叫赵爽弦图，赵爽就是利用这个图进行勾股定理证明的。

利用图 17-1 很容易证明勾股定理。设图中直角三角形的三边分别为 a（短的直角边——勾）、b（长的直角边——股），c（斜边——弦），那么，整个图形是由 4 个直角三角形和 1 个小正方形组成。

4 个直角三角形的面积等于 $4\times\frac{1}{2}ab$，再计算一下被 4 个直角三角形包围的小正方形的面积，显然应该是$(b-a)^2$。

4 个直角三角形的面积加上中间的小正方形的面积，应该等于整个大正方形面积，于是有

$$(b-a)^2+4\times\frac{1}{2}ab=c^2,$$

化简可得
$$a^2+b^2=c^2。$$

勾股定理证毕。不过这个证明是借助了现代工具的，我国古代用的是割补法（出入相补法）。

那么，当时赵爽弦图怎么证明呢？这里，我们介绍数学史家李文林根据割补法给出的证明。

图 17-2 是以 a、b 为边长的两个小正方形组成的合并图形，其面积即为两个正方形的面积之和。

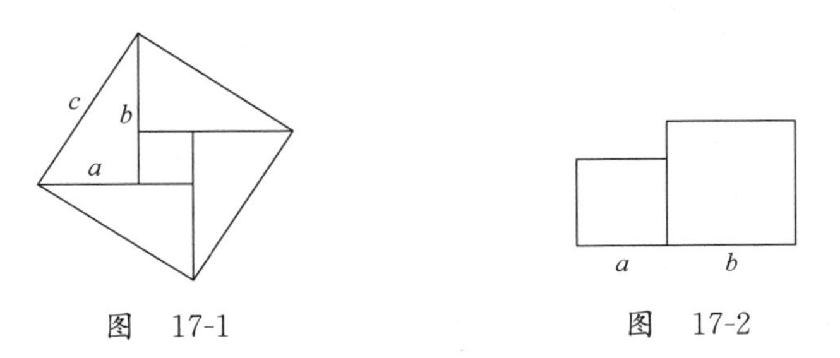

图 17-1　　图 17-2

我们像图 17-3 这样，截下两个直角边分别为 a 和 b 的全等三角形，并将这两个直角三角形旋转至图 17-4，这样就得到一个以原三角形之弦为边的正方形，其面积为新正方形的面积。

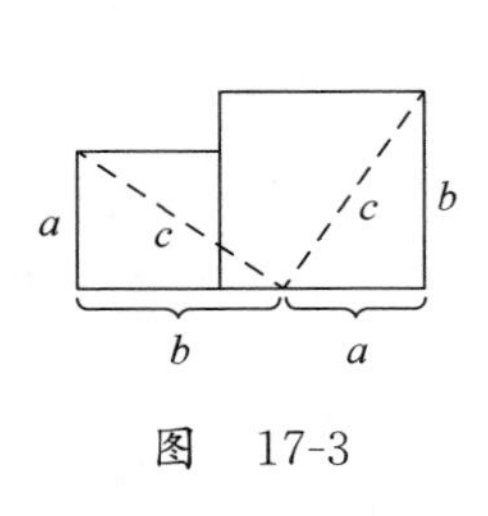

图　17-3

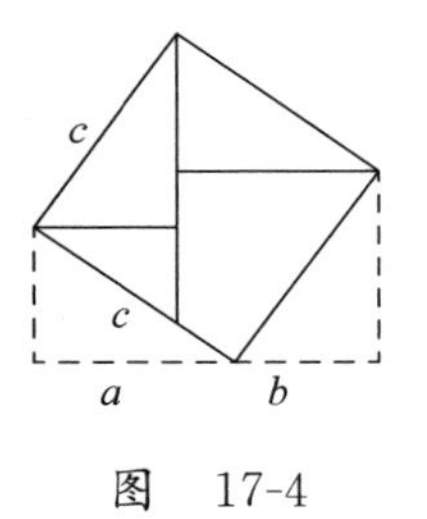

图　17-4

根据变化前后总面积不变，得到：

$$a^2+b^2=c^2。$$

勾股定理是几何学中的明珠，其证明的方法可能是数学众多定理中最多的。路明思的《毕达哥拉斯命题》一书中总共提到了 367 种证明方式。这些证明方法里大多用了割补法。

18. 参观科技馆的收获

一天，老师带着一群孩子走进科技馆。其中小乐、小欢、小齐这快乐三兄弟都喜欢数学，于是都飞快跑进了数学馆参观。

一进数学馆，就见到很大一个装置。

“数学馆里怎么会有这样的装置，我们走错地方了吧！”小乐说。

小欢仔细看了看装置下面的说明词，说：“没错，这是证明勾股定理的装置。”

这个装置由图 18-1 所示的 3 个正方形的玻璃缸组成。它们的边长分别是一个直角三角形的三条边 a、b、c。显然，它们的面积分别是 a^2、b^2、c^2。

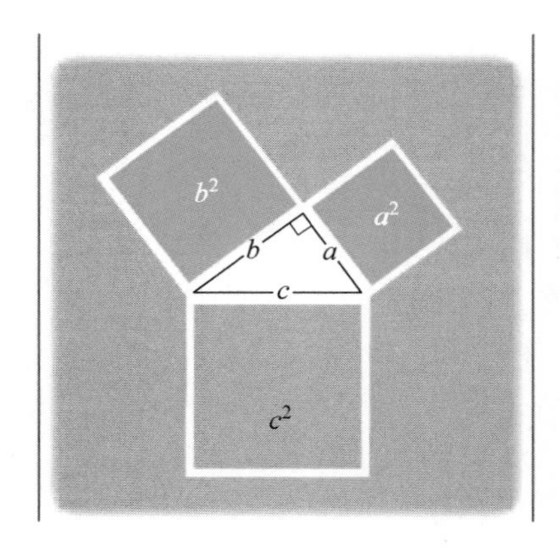

图　18-1

上面的玻璃缸和下面的玻璃缸之间相连

通，但是有开关可以控制。

馆里的讲解员开始演示了。

一开始，他往上面的两个玻璃缸里注满蓝色的水。

然后打开了上下玻璃缸之间的开关，只见蓝色的水慢慢往下流(图 18-2)。

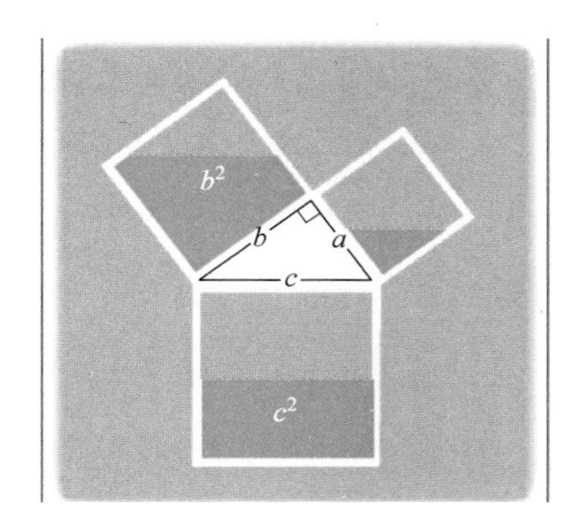

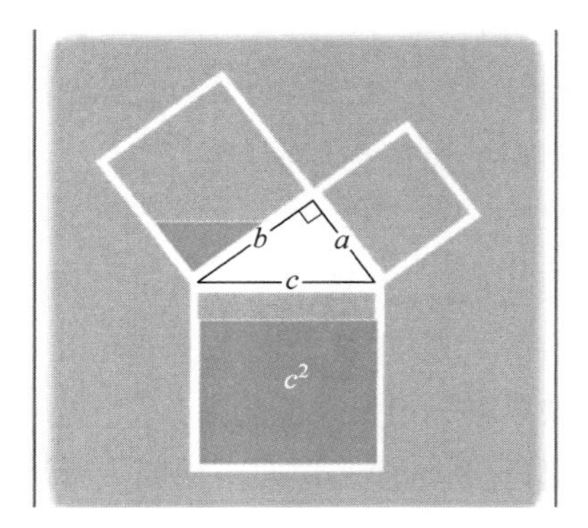

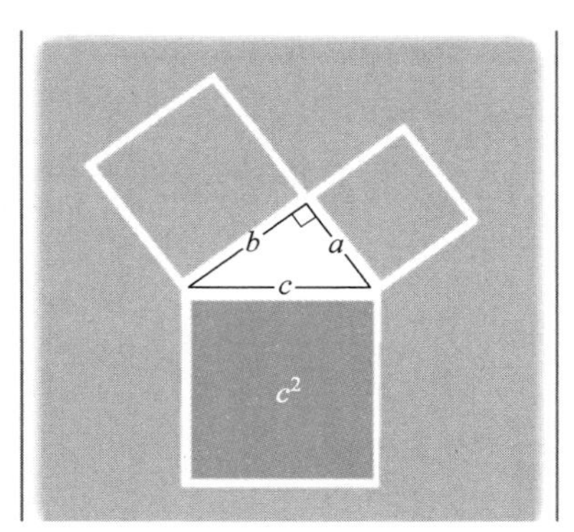

图 18-2

三兄弟看得目不转睛。

最后，上面两个小缸里的水，全部流到下面的大缸里，一点不少，一点也不多，刚刚好。

小齐问：“这个演示是什么意思？”

讲解员说：“这是用物理的方法证明了勾股定理。什么是勾股定理，你们知道吗？就是一个直角三角形的三条边，短的叫勾，长一点的叫股，最长的斜边叫弦，那么用这三条线段当作边，分别作正方形，它们的面积应该分别是勾^2、股^2、弦^2、对吗？”

“对！”小观众们齐声回答。

“上面两个缸里的水全部流到下面的缸并充满了整个缸，这说明什么？”

“体积相等。”小齐抢着回答。

“体积相等又意味着什么呢？”

“是同样的水，体积相等当然说明容积相等。而这三个缸的厚度都一样，那么正方形的面积相等啦！”

“懂了，懂了！”

“真有意思。数学定理也可以用物理方法证明。”

讲解员说：“这个证法还可以引申。”

快乐三兄弟又兴奋起来了：“快说说，怎么引申。”

讲解员说：“假定在下面的大缸里安装一块板 CK。同时，将上面两个小缸一个装蓝色的水，另一个装黄色的水。如果这个时候打开上下通道的开关，你们说会出现什么情况？”（图 18-3）

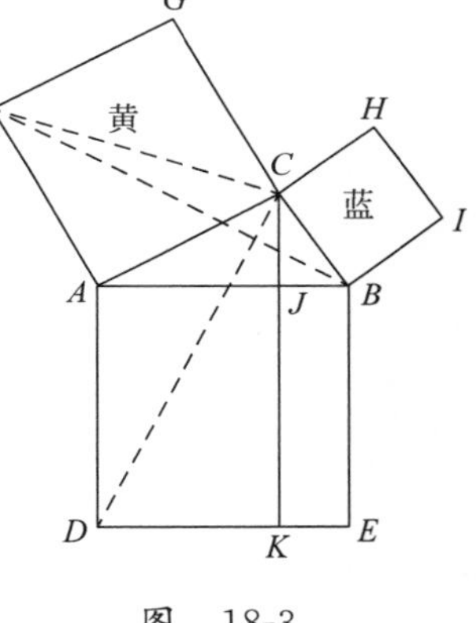

图　18-3

大家低头不语。小欢突然说：“难道黄色的水流进左边的长方形 $ADKJ$ 里，而蓝色的水正好流进右面的长方形 $JKEB$ 里。”

讲解员说：“你猜对了。”

小齐说：“这就要证明，正方形 $FACG$ 的面积等于长方形 $ADKJ$ 的面积，正方形 $CBIH$ 的面积等于长方形 $JKEB$ 的面积！”

讲解员说：“对。这个证法就是古希腊的欧几里得的证法。”

“怎么证明的？”

“这个证明道理其实也不难。用到的就是三角形面积公式。”

“三角形面积公式，我知道 $S=\frac{1}{2}bh$，就是底乘高的一半。”小乐说。

好，我们就来证明。

在图 18-3 中，添上两条线：BF、CD。注意，这时候，我们得到了两个三角形：$\triangle FAB$ 和$\triangle CAD$。

第一步，我们看它们的面积相等吗？$\triangle FAB$ 绕着 A 点顺时针转过 90°，这时候发生了什么现象？

AF 转到 AC 的位置，而 AB 转到 AD 的位置。

$\triangle FAB$、$\triangle CAD$ 这两个三角形重合了，这两个三角形是全等的。全等的两个三角形面积当然相等。

好，到这里，我们知道了$\triangle FAB$ 和$\triangle CAD$ 的面积相等。

第二步是要证明，$\triangle FAB$ 的面积等于正方形 $FACG$ 面积的一半。

画对角线 CF，$\triangle ACF$ 的面积就是正方形 $FACG$ 面积的一半。

下面就是要证明$\triangle FAB$ 的面积等于$\triangle ACF$ 的面积，我们关注一下，这两个三角形的一条边 AF 是公共的。计算面积时，我们把 AF 当作底。那么哪个是高呢？

$\triangle ACF$ 的高容易找，就是 AC。

$\triangle FAB$ 的高就不那么容易找了，因为它是个钝角三角形。仔细看看再想想，我们也能够知道这个高也是 AC（或者说和 AC 相等）。

底是公共的，高又相等（都等于 AC），所以，这两个三角形$\triangle ACF$ 和$\triangle FAB$ 面积相等，而且等于正方形 $FACG$ 面积的一半。

第三步，同样的方法可以证明，$\triangle CAD$ 的面积等于长方形 $ADKJ$ 面积的一半。

结论来了。因为

$\triangle FAB$ 与$\triangle CAD$ 面积相等；

$\triangle FAB$ 的面积等于正方形 $FACG$ 面积的一半；

$\triangle CAD$ 的面积等于长方形 $ADKJ$ 面积的一半。

所以，正方形 $FACG$ 面积的一半等于长方形 $ADKJ$ 面积的一半，正方形 $FACG$ 面积等于长方形 $ADKJ$ 面积。

“哇，这么说，正方形 $FACG$ 里的黄色的水，正好流进了长方形 $ADKJ$ 里。不用说，正方形 $BCHI$ 里的蓝色的水也正好流进长方形 $JKEB$ 里了。这真是井水不犯河水！”小欢说。

“哈哈，实验是物理的演示，而这可是从数学上证明了勾股定理。”

三兄弟今天的收获真大！

19. 剪剪拼拼的证明

除了前面介绍过的，用剪剪拼拼来证明勾股定理的方法还有许多。

用硬纸剪出 4 块全等的直角三角形。设这些直角三角形的两条直角边的边长分别为 a、b，斜边长为 c，然后把这 4 块直角三角形拼成图 19-1 的形状，得到了一个“大”的正方形；再拼成图 19-2 的形状，也得到了一个“大”的正方形。

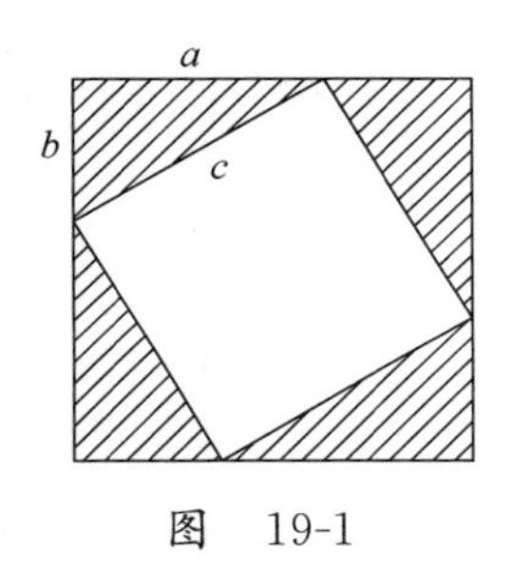

图　19-1

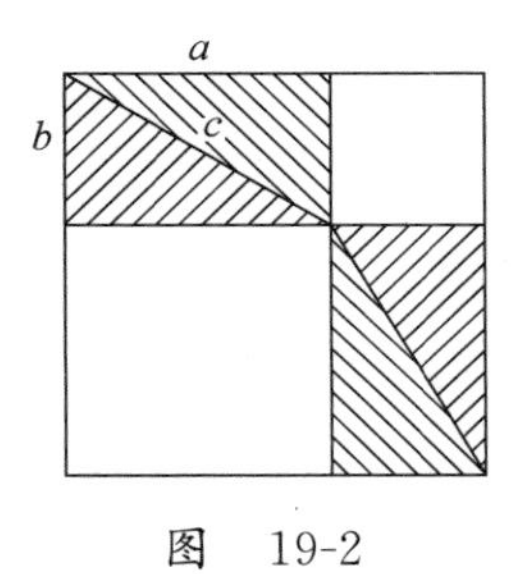

图　19-2

将图 19-1 和图 19-2 作一比较，就容易看出这两个“大”正方形是相同的。将图 19-1 的“大”正方形去掉 4 个直角三角形，就剩下面积为 c^2 的正方形。图 19-2 的“大”正方形去掉 4 个直角三角形，剩下的是面积分别为 a^2、b^2 的两块正方形，这样就有

$$c^2=a^2+b^2。$$

这是我国古人关于勾股定理的一种证法。

其实光从图 19-1 中也可以得出证明。因为这个大正方形的边长为 $a+b$，所以面积为 $(a+b)^2$，它又是 4 个直角三角形的面积与一个边长为 c 的正方形的面积和，即

$$4\times\frac{1}{2}ab+c^2。$$

这两种计算方法的结果应该是相同的，所以 $(a+b)^2=2ab+c^2$，即

$$a^2+b^2=c^2。$$

我国历代数学家创造的证明勾股定理的方法数百种，其中大部分都是用剪剪拼拼来证明的。图 19-3～图 19-11 就是其中的几个例子。

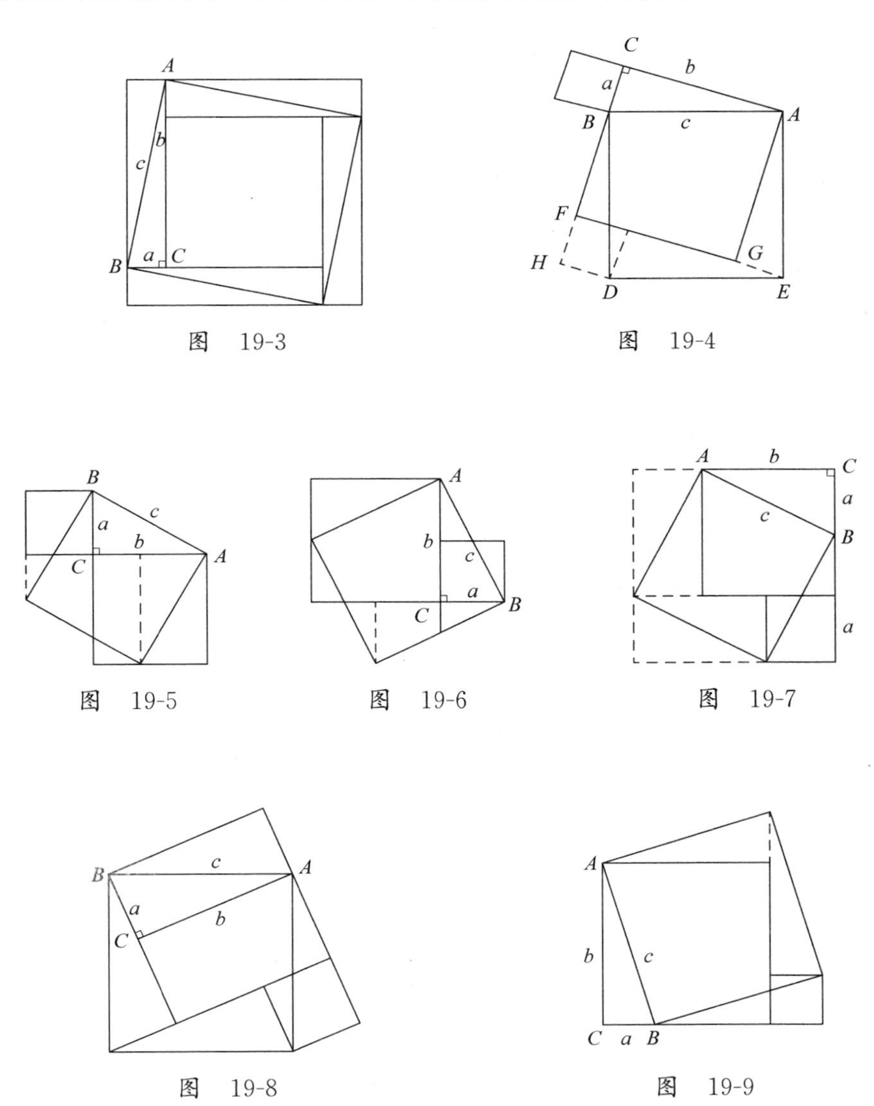

图 19-3　图 19-4

图 19-5　图 19-6　图 19-7

图 19-8　图 19-9

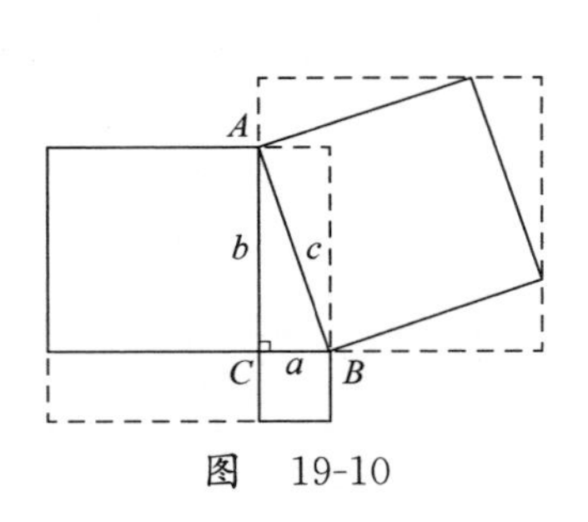

图 19-10

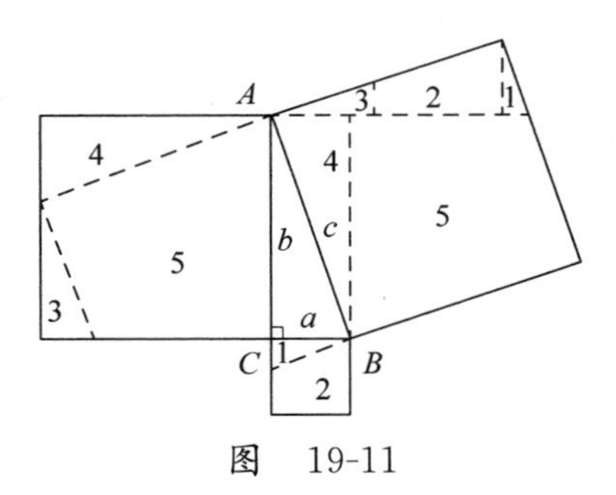

图 19-11

下面仅拿图 19-4 来说明一下。从图 19-4 中可以看出，若将边长为 a 的正方形移至边长为 b 的正方形 $ACFG$ 的边 FG 上，然后剪出两个直角三角形 ABC、BHD，移至 AG 边和 FG 边，得到一个边长为 c 的正方形 $ABDE$，于是可得

$$a^2+b^2=c^2。$$

20. 用七巧板证明勾股定理

我们知道七巧板是我国古代的智力玩具，利用七巧板可以拼成各种各样的图案。

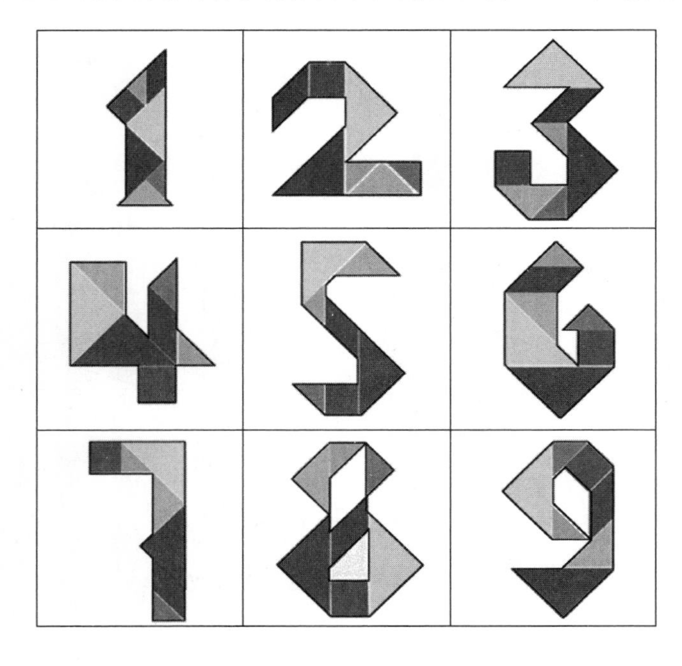

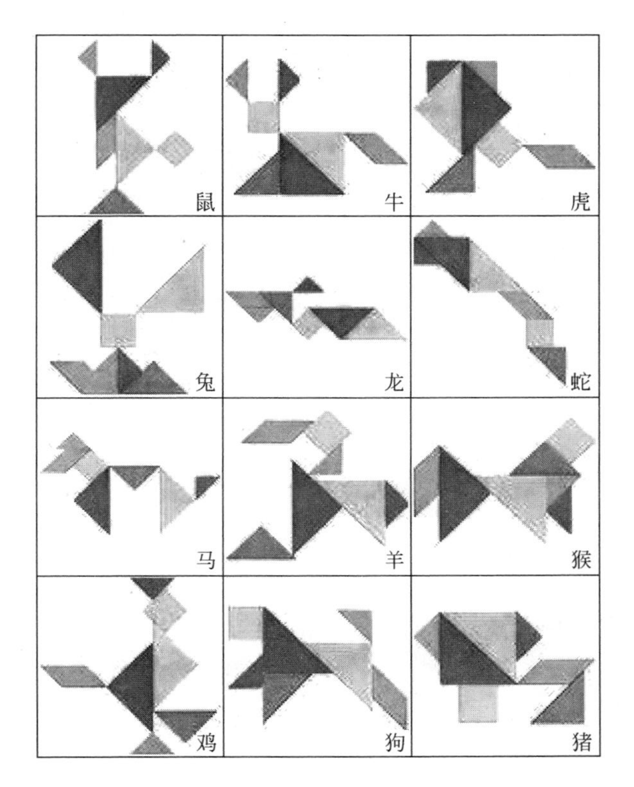

这里我们用七巧板来证明勾股定理。当然，只能证明一种特例，也就是对等腰直角三角形证明勾股定理。

图 20-1(a)中有一副完整的七巧板，它是一个正方形，它的面积是 AB^2。

首先，我们将它的左下方两块最大的直角三角形移动到图的左上方，拼成一个小的正方形，它的面积是 CE^2。

然后，将原七巧板里右上方的 5 块板一一移动到图的右上方，也组成一个小正方形，它的面积是 BE^2。

容易看出，$\triangle BCE$ 是等腰直角三角形。针对这个三角形，它的勾和股是相等的，从图 20-1(a)中不难看出，勾^2 + 股^2 = 弦^2，说明勾股定理成立。

图 20-1(b)是这个重拼过程的立体图，看起来更清晰。

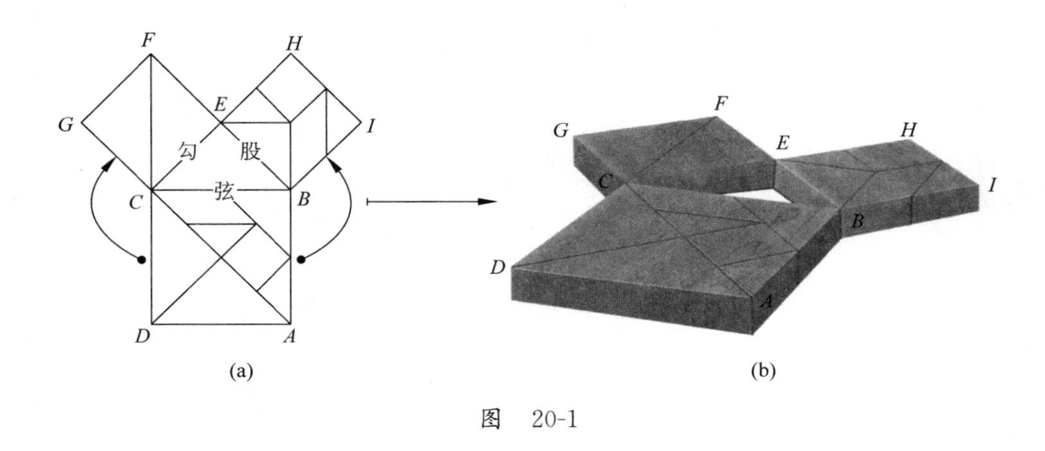

图 20-1

21. 巧用勾股定理

工厂里常常会用到一些钢管，要想测量钢管的截面积该怎么办呢？

看到这个问题，你一定在想：只要把截面圆环的内周半径和外圆半径都量出来，然后计算它们的面积的差，就可以算出截面积来。

工人师傅可不那样做。他们量一下截面圆环的内圆切线（同时又是外圆的弦）MN 的长（图 21-1），马上就可以算出圆环面积。

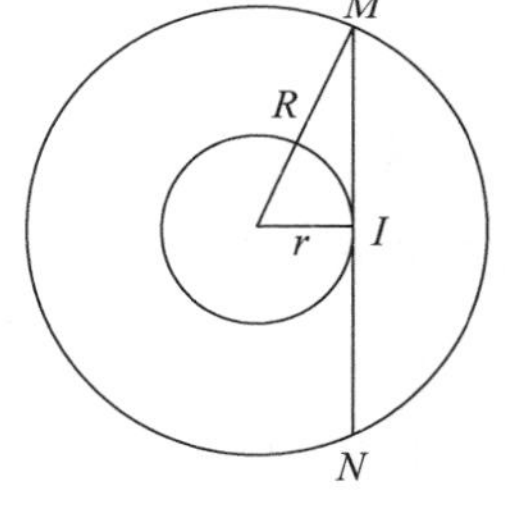

图 21-1

这是什么原因呢？

对于任何一个圆环，我们可以设它的外圆半径为 R，内圆半径为 r。那么这只圆环面积 S，可以用如下方法算得：

$$S=\pi R^2-\pi r^2=\pi(R^2-r^2)=\pi\cdot MI^2=\pi\cdot\left(\frac{MN}{2}\right)^2=\frac{1}{4}\pi\cdot MN^2,$$

其中 $R^2-r^2=MI^2$ 是应用了勾股定理。从这个面积公式中可以看出：截面圆环的面积大小只与既是内圆切线又是外圆的弦的线段 MN 的长度有关。因此，只需量一下 MN 就可算出圆环面积。工人师傅的方法真巧妙！

铸铁厂的工人师傅要比较图 21-2 中两个零件体积大小，它的上、下层的正

四棱柱的高都是 h，就是说，它们的厚度是一样的，但长宽不同。

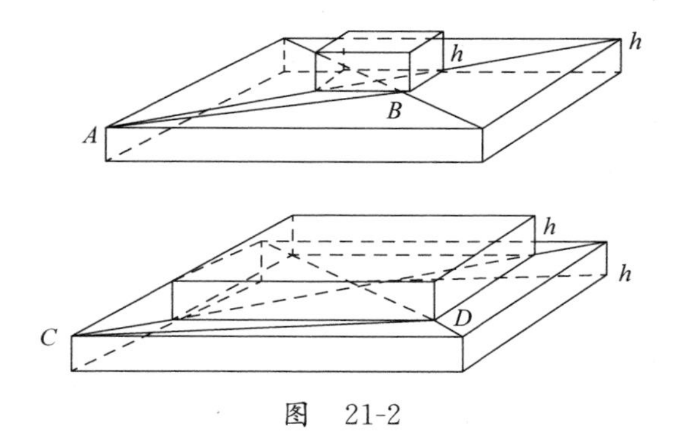

图　21-2

通常的做法是，分别计算两个零件的体积，这样做的话，既要量上层正四棱柱的边长，还要量下层正四棱柱的边长，然后分别计算两层正四棱柱体积的和，再比较它们体积的大小。可以这样做，但是有点烦琐。

工人师傅怎么做？他们只要用一把尺分别量一个数据就知道了。

量一下就行了？有这么神奇吗？

师傅量的是 AB、CD 的长度，如果它们相等。那么它们的体积是相等的。

我们来具体地算一算。

我们经常用边长来计算正方形的面积，其实，用对角线也可以。

设正方形的对角线长为 a，那么它的面积$=\frac{1}{2}a^2$。为什么？看一下图 21-3 就知道了。我们利用这个新公式进行计算。

如图 21-4，设小正方形的对角线为 a，面积为 S_1，大正方形的对角线长为 b，面积为 S_2。这类“阶梯形零件”的体积 V 就是：

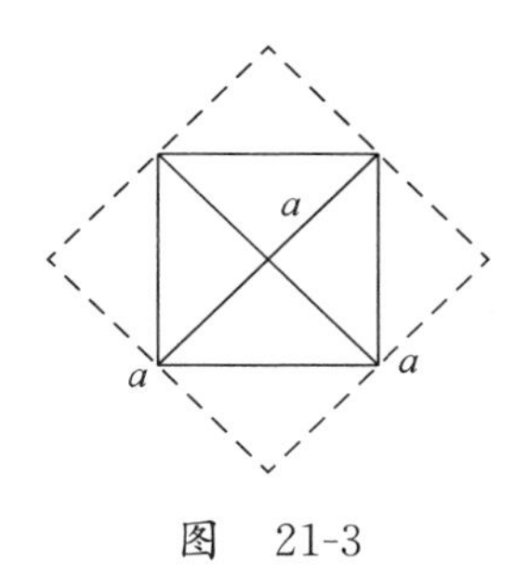

图　21-3

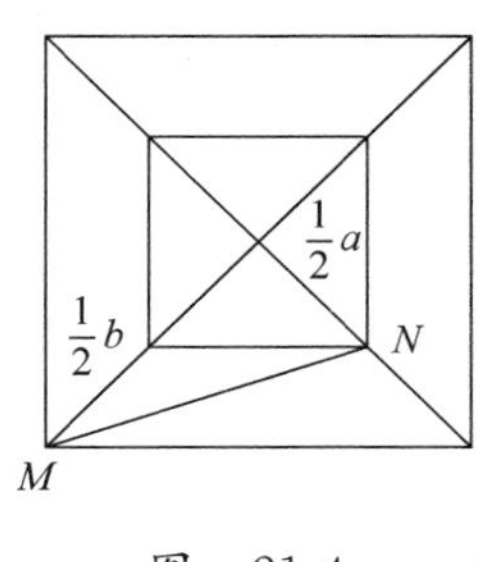

图　21-4

$$\begin{aligned} V &= S_1 h + S_2 h \\ &= \frac{1}{2}a^2 h + \frac{1}{2}b^2 h \\ &= 2\left(\frac{a}{2}\right)^2 h + 2\left(\frac{b}{2}\right)^2 h \\ &= 2h\left[\left(\frac{a}{2}\right)^2 + \left(\frac{b}{2}\right)^2\right] \\ &= 2h \cdot MN^2。\end{aligned}$$

由于 h 是定值，所以体积大小取决于 MN 的长度。因此，只要量一个奇怪的线段 MN 的长度就行了。MN 长，体积就大，MN 短体积就小。

你看，比较和计算它们的体积大小竟是这样简单！

因为工人师傅在长期的实践中积累了一些经验，所以找到了快捷、方便且实用的巧妙办法。

22. 从勾股数组谈起

勾三股四弦五，3，4，5 这 3 个数，可以构成一个直角三角形的三边的长。这样的数还有吗？当然有，例如将 3，4，5 分别扩大 2 倍，得到 6，8，10，肯定满足勾股定理：

$$\begin{aligned} 6^2 + 8^2 &= (2\times 3)^2 + (2\times 4)^2 = (2\times 5)^2 \\ &= 4\times(3^2+4^2) \\ &= 4\times 5^2 \\ &= 10^2。\end{aligned}$$

这不稀罕！3，4，5 分别扩大同样的倍数的情况略去不算，还有别的吗？

有！5，12，13 也是的。这是因为

$$5^2 + 12^2 = 25 + 144 = 169 = 13^2。$$

3，4，5；5，12，13 叫作勾股数组。凡是能够构成一个直角三角形的勾股弦的长度的一组正整数，叫勾股数组。

这样的勾股数组有好多，如

(3，4，5)，(5，12，13)，(8，15，17)，(7，24，25)，(9，40，41)，(10，24，26)，(11，

60,61)……

寻找勾股数组实际上是找方程 $x^2+y^2=z^2$ 的正整数解。

注意,这是个不定方程,那么什么叫不定方程?

我们学过的方程,如 $2x-1=7$,它有肯定的解,$x=4$。也就是说,将 4 代入方程中去,两边相等。

如果在一个方程中,未知数有 2 个,那就不能得到肯定的解,就是不定方程了。如 $x+y=3$,就是一个不定方程。x 可以等于 1,这个时候,y 一定要等于 2,也就说,$x=1$,$y=2$ 是这个不定方程的一组解。当然还有好多这样的数组,如 $x=2$,$y=1$;$x=-1$,$y=4$;$x=5$,$y=-2$……

上面提到的 $x^2+y^2=z^2$ 也是一个不定方程。尽管它的解不定,但还是有解的。(3、4、5),(5、12、13)等都是它的解。但是如果把这个方程的指数改成 3,即变成 $x^3+y^3=z^3$ 有没有正整数解呢?甚至改成 4、5……有没有正整数解呢?

数学家就是喜欢推广,这一推广,坏了,变成了一个大难题。这个大难题是费马在 300 多年前提出来的。这个费马既聪明又懒散,他竟然在看一本数学书时突然想到,如果指数大于 2,那么 $x^3+y^3=z^3$、$x^4+y^4=z^4$ 等都没有整数解。

既然想到了,就把证明写下来啊,可他只是在这本书的空白处写下了一句话:“我已经找到了它的证法,但是这里空白的地方太小,我写不下来。”

他这懒散的行为,整整把后来的数学家们折腾了 300 多年,多少数学家试图证明费马的结论,或者推翻费马的结论,可是都以失败告终。

直到 20 世纪末,英国人威尔斯才证明费马是正确的。

下面一个问题是勾股数组的另一种推广。

勾股数组要求必须是正整数,如果把这个要求改一下,改为有理数,当然也有很多结果。

最妙的一个,要数下面的一组数。如果一个直角三角形的面积是 157,组成这个三角形的三条边 a、b、c(不要求是正整数,只要求是有理数)是怎样的呢?竟然是

$$a=\frac{411340519227716149383203}{21666555693714761309610},$$

$$b=\frac{6803298487826435051217540}{411340519227716149383203},$$

$$c=\frac{224403517704336969924557513090674863160948472041}{8912332268928859588025535178967163570016480830}。$$

分子分母有这么多位数！3 个极其复杂的数，组成的直角三角形，它的面积竟然是一个自然数，奇怪吗？这叫数学的“奇异美”，数学家把 157 看成数学之美的一个典型实例。

更惊奇的是，这个问题竟然和一个大难题联系在一起。这个大难题是克雷数学研究所在 21 世纪初提出的 7 个“千禧年问题”之一，研究所给出的奖金是 100 万美元。20 多年过去了，没听说哪位数学家得到了这笔巨额奖金。

说不定，哪位小读者看了这条消息，长大以后，真的解决了这个大难题。不要笑！当年陈景润就是听了老师的一个故事，立志要解决哥德巴赫猜想的。后来真的成为在哥德巴赫猜想研究方面的领先人物。我期望着！

五、圆和圆周率

23. 奇特的画圆法

谁不会画圆呢？圆的特性是“一中同长”，所以把圆规一只脚定在纸上作圆心，另一只脚绕这个圆心旋转一圈，圆就画成了。

可是，有时候手头缺少适用的圆规，如何画圆呢？下面看几个例子。

一次，某炊事班在野外煮饭，要挖一个和铁锅配套的圆形地灶，炊事班长急中生智用铁锹柄量出铁锅半径，半蹲下身体，以一足为圆心，手持铁锹柄旋转一周，很快就画出了一个圆。

清朝末年，兴西式学校。但是西式学校的设备比较贵，不是每个学校都能买全的。有个学校，教师在黑板上做演示缺少圆规。怎么办呢？学校虽然是西式的，但长袍马褂还是老式的，特别是老师还留着长辫子。老师利用这个辫子，竟在黑板上画起圆来。

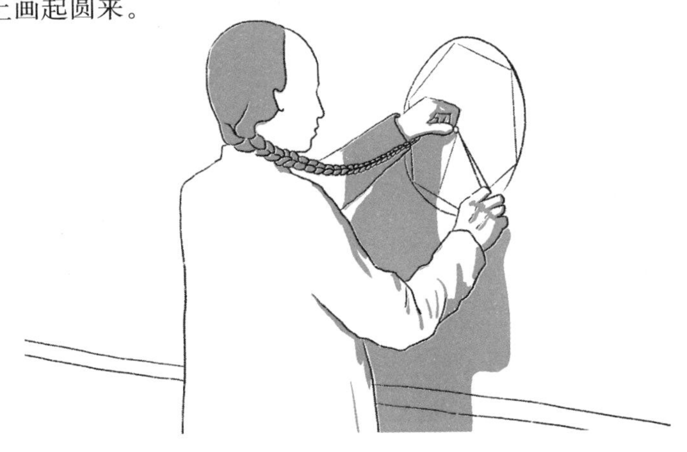

1985年，上海市青少年科技协会组织了一次智力竞赛，其中有一道题目要求在纸上画一个半径为3cm的半圆。所给绘图工具还挺齐全，圆规和有刻度的直尺都有；可是由于保管不善，圆规两足间的距离锈死在5cm处，圆规既无法并拢，也不能拉开。怎么用这只生锈的圆规画出符合要求的半圆呢？应试的青少年给出了好几种方法。

其中一种画法借用了一堵和桌面互相垂直的墙壁。

如图23-1所示，将桌子贴紧墙壁，纸的一边放在桌面与墙壁的交界处。把圆规的一足固定在墙壁上距桌面4cm处，另一足在纸上旋转，画出了一个半圆。根据勾股定理很容易知道这个半圆的半径是3cm。

英国中学生数学竞赛中也出现过画圆的问题：要求画一个圆，它的半径为任意长，只要画出来就行，但是作图工具却十分苛刻，只有一把无刻度的直尺。

有人提供的答案是：在纸上打一个记号“×”，把直尺的一边紧靠着这个记号，然后沿尺的另一边作一条直线；接着把尺略微转动一下，但始终使尺的一边紧靠着“×”号，再沿尺的另一边作第二条直线。这样不断做下去，直到尺转动一周后，作出的许多条直线就围出了一个圆（图23-2）。

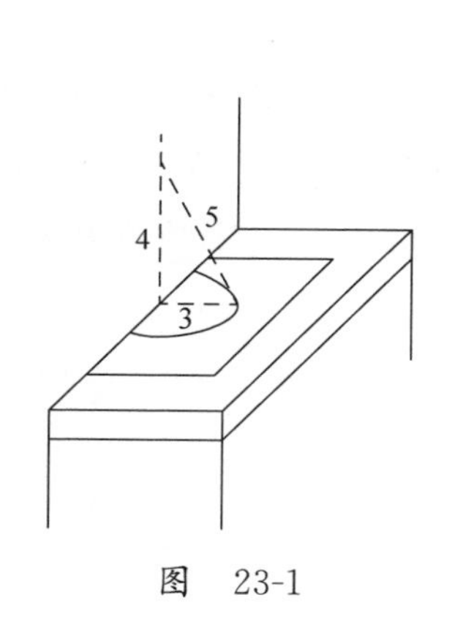

图　23-1

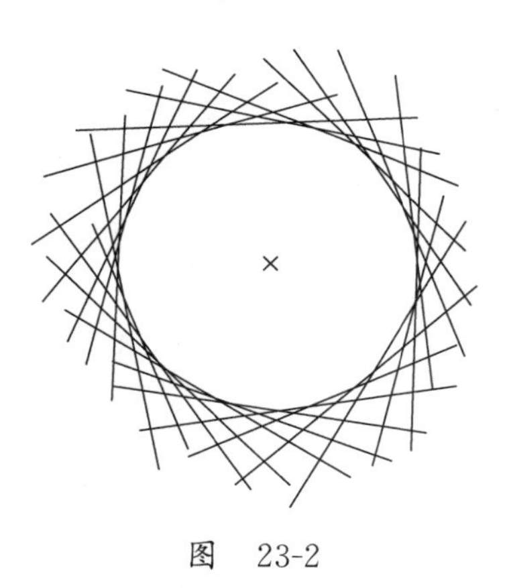

图　23-2

“×”号正是这个圆的圆心，尺的宽度则是这个圆的半径。将来你们会知道，这个圆是这一组直线的“包络”。高深的知识，有时就埋藏在简单的事实中。

还有，我们生活中遇到大量的圆形器具，这些圆又是怎么制作出来的呢？用手剪切、雕刻？通常不是这样的。工厂里有一种机床叫车床。它可以夹住一个物件，并让它高速旋转。这时候，工人师傅用一把刀，对准这个物件迎上去，由于物体在旋转，刀不动，这刀就可以在物件上留下一圈刀痕。平时我们画圆是圆规的一头固定，另一头绕圆心旋转，现在反过来，把刀固定住，让物件旋转，照样可以画出圆来。真是“山不转水转”，事物间的关系有时是相对的。

图 23-3 是在制作圆形木器。左边是把木胚夹住并可以高速旋转的机器，这时候，只要把刀顶在木胚上，随着机器高速旋转，刀就可以削去多余部分，留下一个圆形木器。

图 23-3

学了这节有什么感想？

你可以体会到，要把知识灵活运用到生活、生产中去，我们不要做书呆子！

24. 一道几何难题

张景中院士在一本书里写道：有一道几何难题，用计算机解答的话只要 3.9s 就可以完成。

那么这是怎样的一道题呢？我们知道，经过不在同一直线上的三个点可以画一个圆。图 24-1 中有 3 个点 A、B、C，它们不在同一直线上（可以构成一个三角形）。

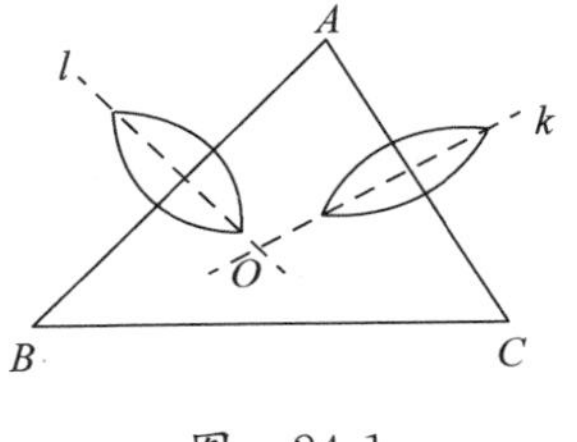

图 24-1

第一步，画 AB 的垂直平分线，具体做法是：以 A 为圆心，适当的长度为半径，画弧；同样以 B 为圆心，适当的长度为半径，画弧；两弧有两个交点，把这两点用直线连起来。它就是 AB 的垂直平分线 l。

第二步，画 AC 的垂直平分线 k，具体做法与画 l 线类似。

第三步，直线 l、k 交于一个点 O。可以证明，O 点到 A、B、C 的距离都相同。于是我们以 O 为圆心，以 OA 为半径画圆，这个圆一定经过 A、B、C 三点。

顺便指出，经过 A、B、C 三点的圆叫$\triangle ABC$ 的外接圆，这个 O 点叫外心。

但给出 4 个点，就很难保证经过它们画出一个圆了，如果能够，就叫“四点共圆”了。那么给出 5 点呢？要这五点共圆，那是更稀罕的事情。

随意画一个五角星(图 24-2)，从分割角度来看，它由 5 个“角”(三角形)和中间的一个“肚皮”(五边形)组成。既然经过不在同一直线上的 3 点可以画个圆，那么我们画出这 5 个“角”(三角形)的 5 个外接圆。这 5 个圆，每两个圆都有 2 个交点。一个正巧就是“肚皮”(五边形)的顶点，分别是图中的 F、G、H、I、J。而图中的交点 K、L、M、N、O 显得有点像流浪汉那样“无着落”。

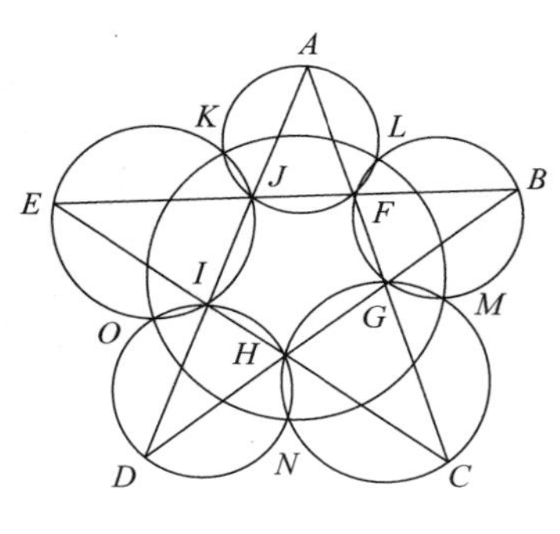

图　24-2

究竟是不是“无着落”？数学家研究得到一个美丽的结论，这 5 个“流浪汉”(点)竟然是“居有屋”的，原来经过这 5 个点，也可以画一个圆——这五点共圆！

25. 床前明月光……低头却不思故乡

大家都能背诵李白的《静夜思》：床前明月光，疑是地上霜。举头望明月，低头思故乡。在古希腊，有人也举头望明月，但他不是低头思故乡，那么他在思考什么呢？

当时，有位学者被关进了监狱。他并不畏惧死亡，所以心里很平静。夜晚，他竟然还有心思欣赏“床前明月光”的景色。此人真不是一般的角色！不过他是“低头思数学”。这更了不得了！不怕死已经很厉害了，他悠然自得，还在思考数学问题，简直是个“数痴”。

这种痴迷的程度，可以和阿基米德相提并论。当年罗马士兵冲进城，数学家阿基米德还在地上研究圆的问题。他丝毫不知道自己已经面临生死关头，只是说“不要破坏我画的圆。”数痴啊！秀才遇到兵，有理说不清。伟大的阿基米德就牺牲在他画的圆的旁边。

牢房里只有一扇小小的正方形的铁窗，学者看到月亮光透过铁窗照进牢房，慢慢地他可看出名堂来了。他发现，有时圆的月亮比正方形铁窗大，有时又比铁窗小。他就想了，什么时候月亮和铁窗一样大呢？你看科学家就是善于从别人看来很平常的事情中发现问题。于是他开始研究一个问题：给出一个圆，求作一个正方形，使它的面积等于圆的面积。这就是所谓的“化圆为方”问题。

“化圆为方”是历史上著名的尺规作图三大“难题”中的一个(其他两个是“三等分角”和“倍立方”)。所谓尺规作图，是只能用没有刻度的直尺和圆规来作图，在这种限制下，化圆为方不是难题，而是不可能问题。尺规这种限制，促进了数学理论上的大讨论、大发展，但是在实用中并不可取。

我们可以用近似方法来处理这个问题。

设圆的半径是 1，那么圆面积是 $\pi\times1^2=\pi=3.14$。

如果有个正方形和这个圆的面积相等，那么它的边长约等于$\sqrt{3.14}=1.77$(图 25-1)。

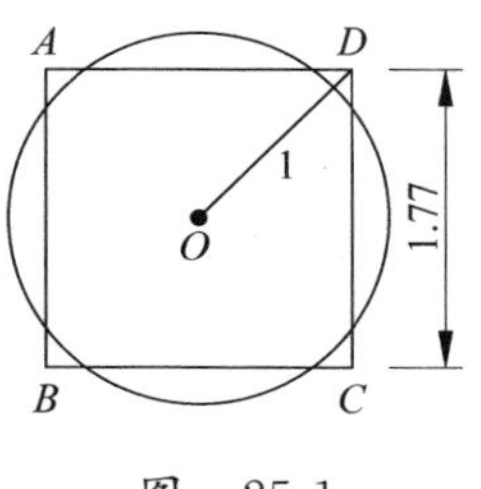

图　25-1

化圆为方的近似方法还有很多，有兴趣的读者可以查阅其他参考书。

这位可敬的学者，临死前还发现这样重要的数学问题。提出问题是数学发展的核心，那么面对方和圆，你还能提出什么问题来吗？

将方和圆同心放置可能有两种基本的方式。一种是圆里面含有正方形(圆中有方)(图 25-2)，这个圆叫作这个正方形的外接圆。另一种是正方形里含有圆(方中有圆)(图 25-3)，这个圆叫作这个正方形的内切圆。

我们来看圆中有方的情形(图 25-2)。

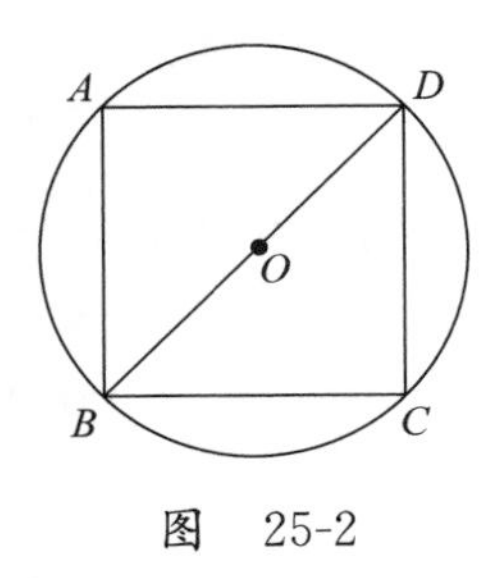

图 25-2

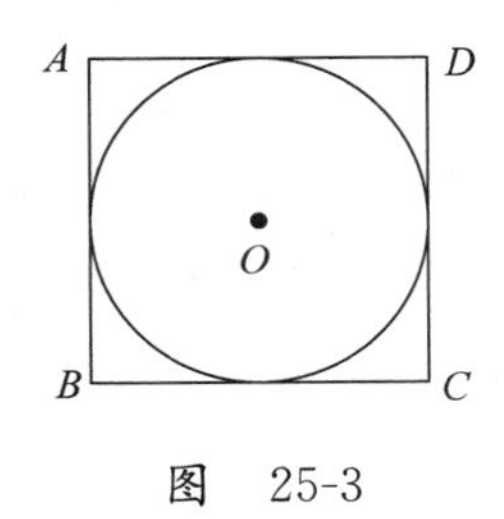

图 25-3

我们来算一下，如果圆半径等于 1，那么内接正方形的边长是多少呢？这里要用到勾股定理，还涉及了无理数的知识。

在直角三角形 ABD 中，$BD=2$，直角边 AB、AD 是相等的，设为 a，由勾股定理 $a^2+a^2=2^2$，可以得到 $a=\sqrt{2}$。

再算一下，它们的面积又是多少呢？

因为圆半径等于 1，所以圆面积等于 $\pi\times 1^2=\pi$。

正方形的边长等于$\sqrt{2}$，所以正方形面积等于$(\sqrt{2})^2=2$。

接下去，看方中有圆的情形(图 25-3)。

设正方形边长等于 1，那么它的内接圆半径等于 1/2。

正方形面积等于 $1\times 1=1$，圆的面积等于 $\pi\times\left(\frac{1}{2}\right)^2=\frac{\pi}{4}$。

在方中有圆这个图中，圆面积与正方形面积的比为$\frac{\pi}{4}:1=0.79\approx 0.8$。那么挖去圆之后的部分和圆的比值是多少呢？

不难算出，挖去圆之后的部分面积是 $1-0.8=0.2$。于是，挖去圆之后的部分面积：圆面积=2：8。

数学计算到此结束。

但是意大利经济学家帕累托产生了一个联想，他说：这可以得出“二八定律”！

什么是“二八定律”？

帕累托发现：正方形除去其内切圆后剩余部分面积与圆面积之比近似为 2：8。他指出，现实中很多事实都符合这个比例。

二八定律，这是社会学的定律，无法进行证明，但确实符合很多现实情况，对指导我们的生活、工作有极其重要的意义。

例如：

80%的财富集中在20%的人手上，而剩余80%的人只占有20%的财富；

80%的销售额来自20%的优秀员工，而剩余80%的员工只创造了20%的销售业绩；

80%的看电视时间花在20%的电视频道上，剩余80%的频道基本上是不看的；

我们只用了手机20%的功能，剩余80%的功能是不用的。

……

这个定律告诉我们，我们遇到的许多纷繁复杂的事物中，有的很重要，有的并不太重要。我们做事情千万不要平均使用力量，面面俱到，而应该先尽力做好20%的主要事情。这就是所谓的“重点意识”。

把这个“二八定律”和数学上的方圆关系凑合在一起，多少有点勉强，数学并不能给出它的证明，但是这种联想能力，是我们应该学习的。

小朋友，你调查一下，你手头的事情很多，写作业、做错题集、写日记、看电视节目、打游戏、体育锻炼、做家务……哪些是重要的，哪些并不太重要？你应该首先做哪几件事？

26. π 数字串之妙

圆周率对人们来说是一个绕不开又爱至痴的数字。计算π、背诵π，把π演绎为艺术造型、电影元素等。甚至把这个数字定为数学节(3月14日)。

现在圆周率已经被算到小数点后100多万亿位，还有人在孜孜不倦地算下去。如果把这100多万亿的小数写出来，那是长长的一串。

这一串数字里，隐藏着很多奇妙的事。有数学家断言，在π的这串数字里面能够找到任意数列。

现在常常出现一些网络语言，读这样的文章，有时要猜谜语。比如“一生一世”，写成“1314”。更有甚者，把“我爱你一生一世”写成“5201314”。

那么，1314，在π的数字串里有没有呢？有，1314这个数字，到小数点后

3902 位就找到了。如果你要找 5201314，那就要查到 200 多万位了。

费曼是一位很有趣的数学家、物理学家，他聪明过人，喜欢开玩笑。相传一次他背圆周率的数字串，背到 762 位时出现了数字串 999999，突然他停止背诵。

这样一来，给人以无穷的遐想。999999 的后面是什么数字呢？

会不会都是 9？如果是这样的话，那不就成循环小数了。可循环小数是有理数，而 π 是如假包换的无理数啊！

那么后面不应该都是 9，后面的数字是什么呢？

在数学界，π 的第 761 位后 6 个 9 排成一排，被称为费曼点。

27. 生锈圆规

小光升高中了，把初中的课本、练习册全部卖了，其他物件也处理了。

有一次，数学老师说要看看学生们的初中数学功底是否扎实，于是出了一道题，要用到圆规。小光翻箱倒柜地找圆规，可是圆规生锈了！两个脚僵硬地趴在那里，不能变大些，也不能变小些。怎么办？无奈之时，他看了看题。

已知两点 A、B，找出一点 C，使 $AB=AC=BC$。

这么简单！小光顿时放心了。

当他在纸上画了两个点 A、B 之后，想以 A、B 为圆心，AB 的长为半径画圆弧的时候，这个生锈圆规怎么也不听话，扳不开来。

这下糟了！

小光想啊想，终于想出了一个办法(图 27-1)。

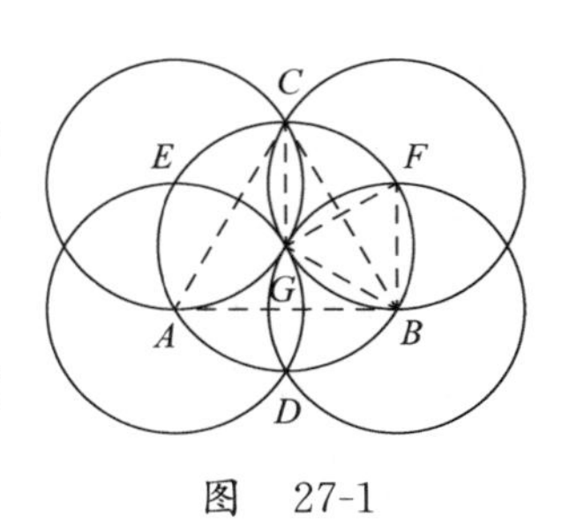

图 27-1

第一步，以 A、B 为圆心，以圆规两脚间僵硬的长度为半径画圆，分别叫圆 A 和圆 B。它们有两个交点 G 和 D。

第二步，以 G 为圆心，还是以这个僵硬的长度为半径作圆，与圆 A、圆 B 分别交于点 E、F。注意，显然它们也分别经过 A、B 两点。

第三步，分别以 E、F 为圆心，作两个圆，它们相交于 C 点(当然还有个交点，那就是前面提到的 G 点)。

这个三角形 ABC，就是我们要作的三角形，这个 C 点，就是老师要求找的点。

这就是所谓的生锈圆规作图。尺规作图已经对我们生产生活有很大的限制了，现在还要进一步限制——这圆规竟然是生锈的。

这第一个问题实际上是美国几何学家丹·佩多在 20 世纪 80 年代提出的。他同时还提出了第二个问题：

已知两点 A、B，只用一把生锈圆规，能不能找出线段 AB 的中点 C？

后来，中国科学技术大学的三位教师成功地解决了第一个问题。佩多知道后非常高兴，他希望第二个问题早日能够得到解决。不久，这第二个问题也宣告破解。是哪位数学家解决的？非也！第二个问题是由我国的一位没有考上大学的山西自学青年侯晓荣解决的，而且他进一步用一个生锈圆规作出以 AB 为边的正六边形、正五边形、正八边形、正十七边形；还可以将 AB 三等分、五等分……任意等分。他声称，所有尺规作图能够做的事，生锈圆规都能够做。

佩多教授吃惊不小，深感中国人的厉害。

这样的"麻烦"事情还有不少。比如用圆规画线段、单规作图、单尺作图等。那么，这种"麻烦"事情有没有价值呢？目前似乎没有看到相关价值的报道。但是，数学太抽象了，说不清什么时候就有用了。这样的例子太多了。比如七桥问题原先也只是个游戏，但后来发展成现今非常热门且有用的图论。

28. 圆周率的另类求法

郭老师面对 50 名学生，说："今天变个数学戏法。请你们每人随机写出 5 对正整数，因为过一会儿要进行计算，这些数字不要太大，限制在 100 以内吧。"

学生小白写的是：11 和 12，4 和 8，81 和 92，24 和 67，98 和 34 共 5 对。

学生小黑写的是：78 和 54，10 和 35，43 和 86，56 和 45，73 和 45 共 5 对。

……

郭老师说："每人写了 5 对正整数，一共 250 对。都写好了吗？如果写好了，在你写的 5 对正整数里，有几对是互素的？"

小白算了一下：11 和 12 互素，4 和 8 不互素，81 和 92 互素，24 和 67 互素，98 和 34 不互素，共 3 对互素。

小黑算了一下：78 和 54 不互素，10 和 35 不互素，43 和 86 不互素，56 和 45 互素，73 和 45 互素，共 2 对互素。

……

郭老师说："统计结果出来了，其中互素的 154 对。如果随机写出一对正整数，它们互素的概率可以看作 $\frac{154}{250}$。"

"好，请动用你的计算器，我们把这个概率倒过来，变成 $\frac{250}{154}$，再乘 6，得到

$\frac{750}{77}$。再把它开方。见证奇迹的时候到了，等于几？”

学生们说：“3.12。”

郭老师：“这就是圆周率的近似值。”

大家惊讶之余，都拍手叫好，这时，小白说：“我还有一个算法更简单！”

“请大家打开计算器，输入4个数字。这4个数字，整数部分与小数部分合起来都是9位，而且它们都是首尾对称的。这4个数字是1.099 999 01、1.199 999 11、1.399 999 31、1.699 999 61。这4个数字很有规律，你看中间都是5个9，首尾分别是10，01；11，11；13，31，16，61。”

小黑说：“然后做什么呢？”

小白说：“将这4个数相乘！”

小黑一会儿就算好了。

小白问：“结果是多少？”

小黑大声报了答数：“3.141 592 573！这可是很精确的π啊！怎么回事啊？”

六、图形万花筒

29. 以大测小

上海展览中心原来叫中苏友好大厦，是在20世纪50年代建的，我小时候是看着它快速地矗立起来的。作为上海标志性建筑物，它有大小5座鎏金塔，金光闪闪的。

那么这层金色的东西，是不是颜料？不是颜料！而是真金。哇！真金啊！要花多少真金啊？有的小朋友会情不自禁地问。

你别吃惊，吃惊的还在后面。这层金是怎么涂上去的呢？

“把金化为液体之后刷上去的。”

金子熔化是很困难的，不是说“真金不怕火炼”吗！（有兴趣的小朋友可以查查怎么才能熔化金子。）

告诉你，是把金碾成薄片——金箔，再把金箔贴上去的。

哇！多薄啊？一张纸那么薄吗？

一张纸？太厚了。比一张纸还要薄。

好在金的延展性很强，也就是说，可以把金碾得很薄。有多薄呢？说出来，恐怕你不信，1000张金箔叠在一起，还不到1mm厚，也就是每张的厚度不到0.001mm。

能有这么薄吗？怎么测量？

这事情100年前就已经做到了，这个测量方法就是“以大测小”。

先把每张金箔裁成同样大小——每张7.26cm^2，然后，将2000张金箔的总重量称出来，是24.58g。金的密度是19.32g/cm^3，可以算出每张金箔的平均厚度是0.0009mm。

这就轻松地测出来了！

年长的无线电爱好者一定知道，在绕制变压器的时候，要用到漆包线。漆包线是很细的，如果仅仅给你一把带刻度的直尺，你能不能量出漆包线的直径呢？

其实这事儿并不难，只要把漆包线在尺上面绕上几十圈，当然，一圈一圈必须紧紧地挨着，然后你可以量出这几十圈漆包线的总宽度，然后将总宽度除以圈数，就可以算出漆包线的直径了。

袁隆平的杂交水稻，好不好？数据说话。这个数据可以是亩产量，也可以是谷子的重量。一粒谷子有多重？一粒谷子的重量测量是比较不容易，干脆就测“千粒重”。于是植物学家就定了个新指标：千粒重。

那么袁爷爷的杂交水稻的千粒重有多重呢？聪明的小朋友，查查资料就可以知道了。

从这里，可得出一个重要的思考问题的方法：对一个很小的数量，如果直接测量它有困难，我们可以把这个数量扩大几倍、几十倍，甚至几百倍，然后进行测量，再除以相应倍数，从而算出这个数量，这就是“以大测小”。

反过来，当然也可以以小测大。小朋友，你举举例子？

30. 拿破仑帽檐测河宽

1805 年，拿破仑率军与普鲁士、俄国联军在莱茵河南北两岸对峙。法方的炮兵严阵以待，随时准备开战。

炮手问班长：“我们和对岸的敌军之间有多少距离？”

班长用望远镜瞧了瞧：“吃不准。”

“那就打几炮试试？”

“怎么试？”

“先试一炮，如果发现打得太近了，打第二炮，如果发现远了，再打第三炮，肯定可以打准。”

“尽出馊主意！”班长坚决拒绝。第一，浪费炮弹；第二，惊动敌军，这怎么行呢？

正在这个时候，拿破仑来到了前线，他对这个战役很重视，到前方视察来了。

当听了班长的汇报之后，拿破仑沉思了起来。

没有精确射程的炮击成为浪费弹药的竞赛。在这种情况下，谁能率先测量出莱茵河的宽度，谁就能占得先机。

他远眺莱茵河，突然发现眼睛向前望的时候，帽檐的底边正好与对面的河岸线重合。于是他做了一个旁人看不懂的动作。

他挺直自己的身体，转了 90°，眼睛仍然紧盯帽檐，望出去，找到从帽檐下可以看到的法方河岸上最远的点。他指挥士兵在该点处做了一个记号 A。

他对士兵说：“从我站立的地方到 A 处的距离就是莱茵河的宽度。”

士兵们弄清原委之后，不由得对自己的领袖表示敬佩。

当天傍晚，法军大炮向对岸的敌军阵地射击。这些炮弹仿佛长了眼睛一样，纷纷飞入敌阵，顿时使敌军大乱，全线溃败。法军大获全胜。

这就是“帽檐测距法”。

拿破仑是杰出的政治家、军事家，还是一位数学爱好者，甚至有专门以他名字命名的“拿破仑定理”。而且他大力提倡科技，为法国数学事业的发展作出了巨大贡献。法国得诺贝尔奖者已有 70 人，得菲尔兹奖者有 12 人，这个成绩和拿破仑的贡献不无关系。

31. 1 年等于 400 天?

我们都知道，1 年大致等于 365 天。我们为了记录日期，可以每天撕掉一张日历。当年，我们的先烈在敌人暗无天日的牢房里，用每天在墙上画一条线的办法来记录日期。

有一种生物叫珊瑚虫。它像天文学家般能够准确测量出日出日落的时间，进而每天在自己的身上“画”一条斑纹，这样，它们每年在自己的体壁上“刻画”出 365 条斑纹，这是很准的“日历”。它们是天然测量师、天文学家。

年复一年，多少万年过去了，它就是这样生存的，忠实地记录它的“日历”，平平静静的。

问题来了。一群古生物学家发现了生活在3.5亿年前的珊瑚虫样本，他们兴奋异常，认真地数着它们身上的斑纹。

呀！怎么身上每年“画”出了400条斑纹啊？这是怎么回事呢？违背规律啊！

平静被打破了，他们想来想去想不通。

这群古生物学家产生了疑惑，在另外一个群落里，也遇到了烦恼。这是一群研究天文学的学者。他们经过推理，在很早之前，当时地球一天仅21.9小时，所以一年不是365天，而是400天。怎么说服大家？苦于找不到旁证。

一天，古生物学家和天文学家，这两个群落的学者遇到了一起，一交流，才恍然大悟。很久以前，一年是400天，珊瑚虫体壁上确实有400条斑纹，两家一拍即合。古生物学家解决了疑惑，天文学家找到了珊瑚虫来做证，说明自己的推算是正确的。

大自然是如此的神奇！

神奇的现象还有很多，最明显不过的是雪花，都是六角形的。

还有一个著名的六角形就是蜂房。

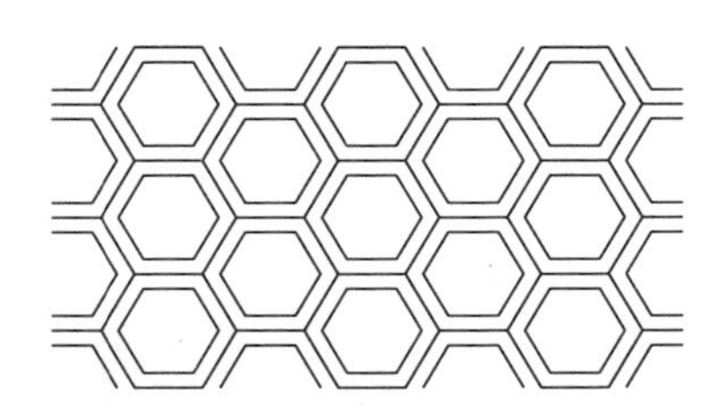

从蜂房的入口处看，是整齐的六边形。已经证明，这样的六边形排列是最省料的，蜜蜂掌握了如何用最少的材料建造储存蜂蜜的建筑物。它们怎么知道的？难道它们会测量？会计算？

这样的蜂窝结构不但省料，而且坚固，现在已经大量应用于材料工程。

丹顶鹤总是成群结队迁飞，而且排成“人”字形。“人”字形的角度是多少呢？110°。为什么这样排列？或许鹤群以这个角度排列飞行，能够抵御风力。

丹顶鹤是怎么知道这个角度最佳的？

车前草是一种中药材，如果仔细观察，你会发现，车前草相邻两片叶子之间角度皆为接近137.5°。为什么这么排列？科学家发现，按照这种排列模式，叶子可以占有尽可能多的空间，并尽可能多地获取阳光或承接雨水。许多植物如向日葵也都遵循这种排列模式。为了证明这个结论，1979 年，英国科学家沃格尔用计算机模拟向日葵种子的排列方法，结果发现，只有选择 137.5°发散角排列模式，花盘上种子的分布才最多、最紧密和最匀称。

这 137.5°角有何奇特之处？还有数学根据呢！把 360°的圆周，用黄金分割率 0.618 来划分，所得角度约等于 137.5°和 222.5°，所以 137.5°角是圆的黄金分割角，也叫作黄金角。

137.5°，我们用量角器也不容易画出来的角度，可车前草做到了。

“黄金角”给人们以很多有益的启示。建筑师们设计出了新颖的“黄金角”高楼，最佳的采光效果使得高楼的每个房间都很通风、明亮。

向日葵种子的排列方式也很奇怪，它有两组螺旋线，一组顺时针方向盘旋，另一组则逆时针方向盘旋，并且彼此相嵌。而且很神奇的是，21 个顺时针，34 个逆时针，或 34 个顺时针，55 个逆时针。有趣的是，这些数字属于斐波那契数列。它怎么知道，怎么控制自己这里长几颗，那里长几颗，使它们符合斐波那契数列的呢？莫非向日葵是天然数学家？

不仅向日葵种子的排列，还有雏菊、梨树抽出的新枝，以及松果、蔷薇花、蓟叶等都遵循着这一自然法则。

看了这些，我们不由得惊叹：大自然真奇妙！

32. 吴文俊重走“长征路”

我国古代有本重要的数学著作，就是刘徽著的《海岛算经》，可惜这本著作残缺不全，只留下 9 道题。这本书里面讲的是测量的问题。书中测量海岛高度有个公式——重差公式。

设被测岛顶为 B 点，B 点的铅垂线和地面的交点为 A。为了测量岛的高度 AB，进行了两次测量。一次把测量的木杆（算经上称为“表”）放在地面上离 A 较近的 E 处，另一次放在较远的 G 处，使 E、G 和 A 三点在一条直线上。得到一个公式：

$$影差\times(岛高-表高)=表高\times表距。$$

用现代的符号，这个公式可以写成：

$$(GC-EH)\times MB=MA\times EG,\quad 其中\ MB=AB-MA。$$

其中 AB 是岛高，是测量的目的。公式中，MA 是木杆（表）的高度，是已知的；表距 EG 也是已知的，只要求出影差 $(GC-EH)$ 就可以算出岛高了。

这个公式是怎么得来的，历史上没有记载。这个公式可以用三角方法进行证明，很多数学史学家就是这么处理的，但这绝不是刘徽的原意。

刘徽等古算家，肯定是经过了艰苦的“长征”，才得出这样的成就的。吴文俊晚年对我国的古算进行了深入的研究。他就是要复原古代数学家的思路，寻找他们当初是怎样证明的——他要重走“长征路”。吴老发现，不需要三角知识，只要用割补法就可以了。

说明一下：把图 32-1 中山的轮廓图删去，并补全为一个长方形，见图 32-2。

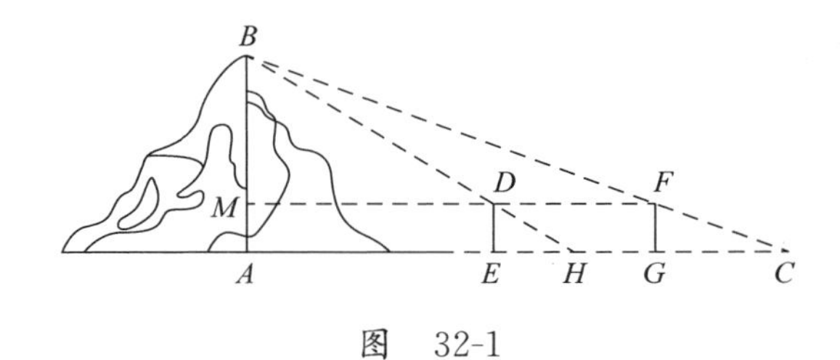

图　32-1

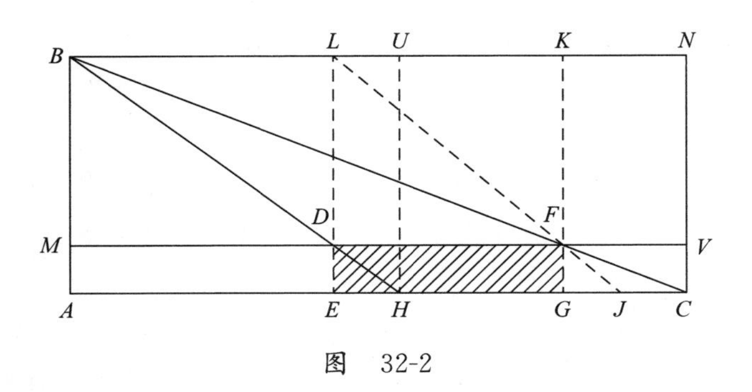

图 32-2

图 32-2 的线条太多，挑出一部分，形成图 32-3。测量线 BC 是长方形 $ABNC$ 的对角线，显然△BCN 和△BAC 全等。同时△FGC 和△FCV 全等，△BMF 和△BFK 全等，于是，长方形 $KFVN$ 和长方形 $MAGF$ 面积相等，即 $S_1=S_2$。

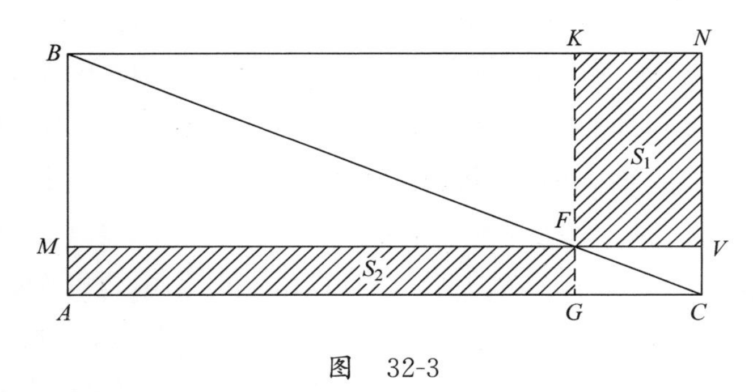

图 32-3

看图 32-4，同理 $S_3=S_4$。

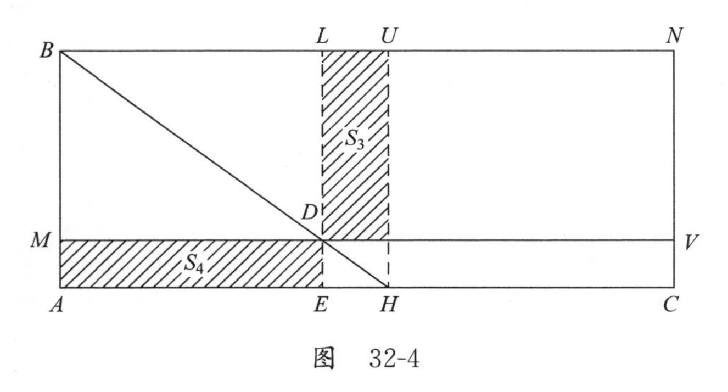

图 32-4

于是，$S_1-S_3=S_2-S_4$。

而 $S_1-S_3=MB\times GC-MB\times EH=MB\times(GC-EH)$，

$S_2-S_4=MA\times EG$，其中 $EG=AG-AE$，

所以

$$MB\times(GC-EH)=MA\times EG。$$

你看，就是用了面积关系，出入相补，三言两语，就复原了这个公式证明。所谓“出入相补原理”，道理十分简单，用现在流行的说法，就是割补法。这才是原汁原味的刘徽的做法。

吴院士不但复原几个公式的证明，进一步把算法用到了几何的机器证明上，发明了著名的“吴方法”，第一次解决几何定理的机器证明，使得捉摸不定的几何题有了统一的证明模式，显示出我国古代数学构造性和机械化传统的巨大生命力！

33. 从篮球巨人穆铁柱的鞋子谈起

前些年，我国出了几位篮球巨星，如大家都知道的姚明。另一位大家或许都不熟悉了，那就是 20 世纪名噪一时的穆铁柱。

见过穆铁柱的人，都会被他高大的身材所吸引。在篮球场上，只要铁柱一上场，观众们就笑声不断，因为裁判员只到他的腋下；偌大的一个篮球，他只用一只手就可以抓在手里；高悬的篮圈，他只要手一伸就碰到了……

关于穆铁柱，漫画家为他画了很多漫画。其中有一幅漫画是几个小朋友爬进了铁柱的鞋子里，简直把它当小船了！

铁柱的鞋当然是特制的。但是，对于制鞋厂来说，更为关心的是普通人的穿鞋问题。一般人的脚虽然有不同的长度和宽度，但是大多集中在一定的范围之内。

根据西方人脚形的调查材料，大致可以定出 4 种不同的宽度、15 种不同的长度。那么，要不要定出 15×4，即 60 种不同的规格来呢？

要知道，鞋的规格定得太多，不仅给工厂的生产管理带来麻烦，影响效益，而且脚宽与脚长尽管不是成正比，但是两者之间还是有一定关联的。至少可以

这样说，如果一个人的脚很宽，那么他的脚一般不会很短；反过来，如果一个人的脚很窄，那他的脚也不大会很长。因此，最大宽度与最小长度，以及最小宽度与最大长度组合起来的规格是没有必要的。

为了达到大幅度减少规格数，又要满足 4 种不同宽度及 15 种不同长度的客观需要，波兰数学家史坦因豪斯在 40 多年前提出了一个新方案，只需 27 种不同的规格就可以满足普通人的需要。

史坦因豪斯根据 4 种不同宽度（记为 A、B、C、D）和 15 种不同长度（记为 1,2,3……15），画出如图 33-1 的 27 个紧密排列着的正六边形。如果某甲的脚的宽度和长度对应了“$8B$”这个正六边形中的某个点，说明这个人的脚的宽度是属于第 2 挡，长度属于第 8 挡，他应该购买“$8B$”这种规格的鞋（图 33-1）。如果某乙的脚与某甲同长，但宽度略大些，宽和长所对应的点落到“$9C$”这个正六边形里，那么，他只能购买宽度是第 3 挡，长度是第 9 挡的鞋。请注意，因为某乙与某甲的脚长度相同，按理说，某乙也应该穿长度为第 8 挡的鞋。可是，根据这种方案，没有“$8C$”这种规格，所以，只能委屈他穿稍微宽松一点的“$9C$”规格的鞋。好在相差不大，不会感到很不舒适。

你看，鞋型和正六边形镶嵌图，表面看是完全不相干的两码事，然而，经过巧妙的构思，竟然有如此紧密的联系——世界上的事有时真叫人有点难以想象！

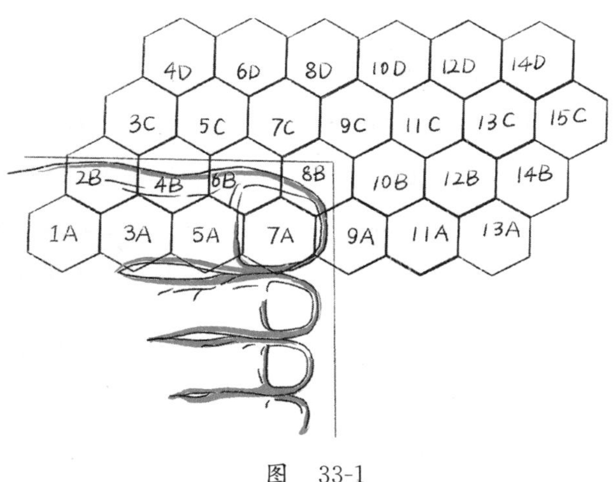

图　33-1

34. 十字图形巧分割

上海《新民晚报》“娱乐”副刊上，曾经刊出过一则游戏：剪两刀将一个希腊十字剪成 4 块，然后将这 4 块拼成一个正方形。什么叫希腊十字呢？就是如图 34-1 中的用 5 个小正方形组成的一个十字图形。读者见报后，纷纷寄去了自己的解法，最后报社选出 3 种比较好的方法(图 34-1)刊登出来。

如果在希腊十字的最下面再加一个小正方形，即如图 34-2(a)所示，用 5 个小正方形组成的是一个拉丁十字。

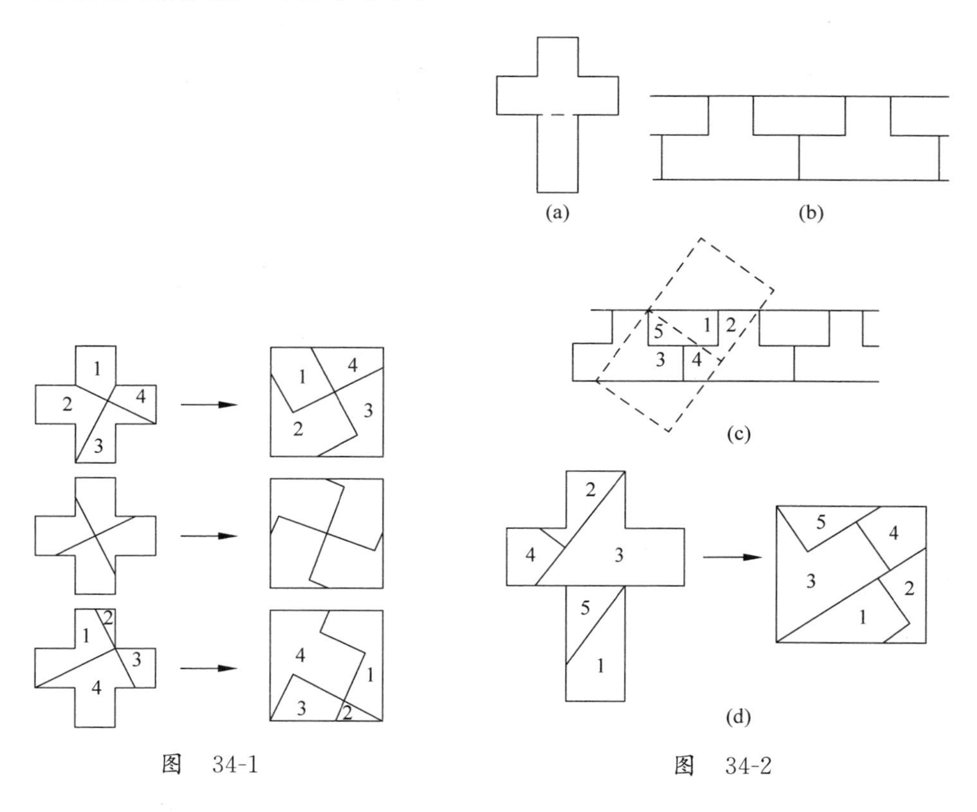

图 34-1

图 34-2

拼剪的“最佳选手”要数澳大利亚数学家林特格林先生了。他被认为是世界第一流的拼剪专家。他把好几个拉丁十字沿图 34-2(a)虚线剪开，再拼成一条长带子[图 34-2(b)]。

另外把几个与拉丁十字面积相同的正方形也拼成一条长带子。然后把正方形拼成的长带子叠在另一条长带子的上面，并移动到最有利的位置为止[图 34-2(c)]。这样就可按图 34-2(d)所示把拉丁十字剪成 5 块，拼成一个正方形了。他把这种方法叫作长带子法。

将许多希腊十字组成镶嵌图案铺满整个平面，再将大于一倍面积的一些希腊十字也镶嵌铺满一个平面。再分别把它们画在透明纸上，得到 2 个图案。把其中一种图案放在另一种图案上进行移动，尝试各种有利位置[图 34-3(a)]。最后就可以将 2 个希腊十字剪拼成一个大的希腊十字了[图 34-3(b)]。这种方法叫作镶嵌图案法。

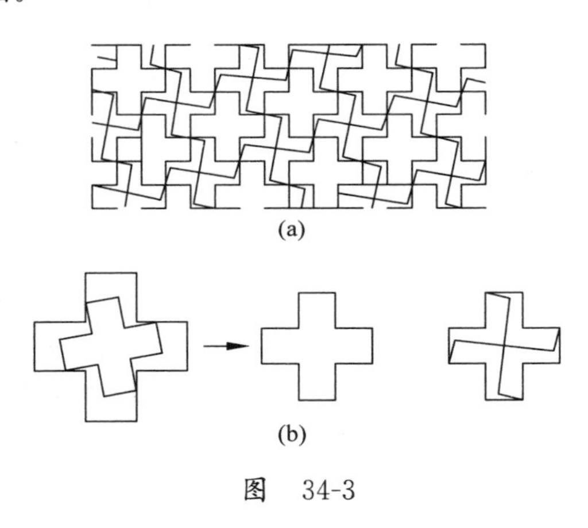

图 34-3

像许多体育运动项目一样，剪拼术也有世界纪录。林特格林是 21 世纪打破剪拼术世界纪录最多的人，因而荣获了“剪拼专家”的称号。

比如，他把一个正十二边形剪成 6 块，再拼成一个正方形(图 34-4)或一个希腊十字(图 34-5)；把一个正六边形剪 4 刀成 5 块，拼成一个正方形(图 34-6)；把一个六角星剪 4 刀成 5 块，拼成一个正三角形(图 34-7)。

这些图形真叫人看得目瞪口呆。特别是那个正十二边形剪拼成希腊十字的方法，在 1957 年发表后轰动一时，许多智力游戏能手看后都自叹不如。

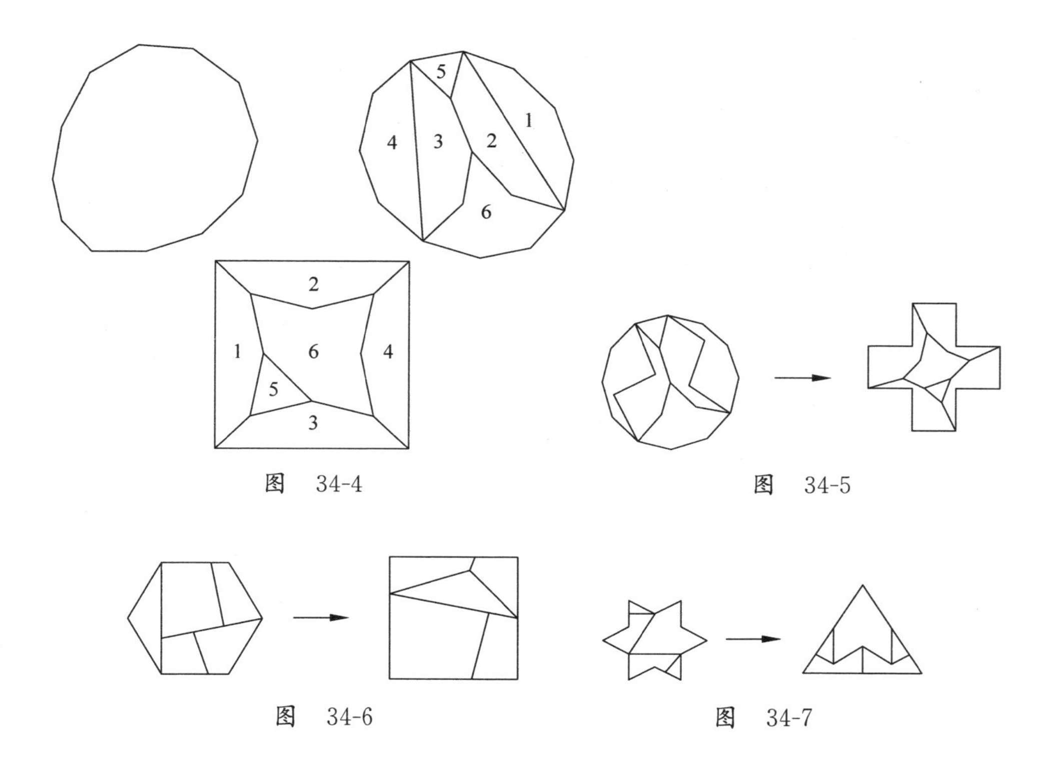

图 34-4

图 34-5

图 34-6

图 34-7

35. 戴高乐和洛林十字架分割

这是一张法国邮票(图 35-1),上面有个特殊的十字架。这个十字架叫洛林十字架,也称双十字架。

洛林原是法国领土,普法战争后被割让给普鲁士。1099 年开始,法国洛林公爵采用这个十字架作为洛林家族的纹章,洛林十字架因此得名。

在第二次世界大战时,戴高乐将军采用此十字架作为法国抵抗运动的徽号,自由法国的象征,有不忘收复失地之意。戴高乐是反法西斯的英雄,他生前生活简朴,去世后,墓前只有一块小小的墓碑,上刻“戴高乐之墓”,碑的另一面就是洛林十字架造型。

图 35-1

洛林十字架比一般十字架多一个小横杆，可以看作由 13 个小正方形组成，洛林十字架被称为真正的十字架。

从这个十字架延伸出一个数学问题：从图上的 A 点作一条直线，把洛林十字架一分为二，使两部分面积刚好相等，问如何作这条直线？（图 35-2）

这个问题有点难度，后来竟然让戴高乐总统解决了。

他的作法是：连接 BM，与 AD 交于 F 点，以 F 为圆心，FD 为半径作弧，此弧与 BF 交于 G 点；以 B 为圆心，BG 为半径作弧，此弧与 BD 交于 C 点。连 CA，延长 CA 与十字架边界交于 N 点，CAN 即为所求（图 35-3）。

你能说说，为什么这条直线等分了洛林十字架吗？

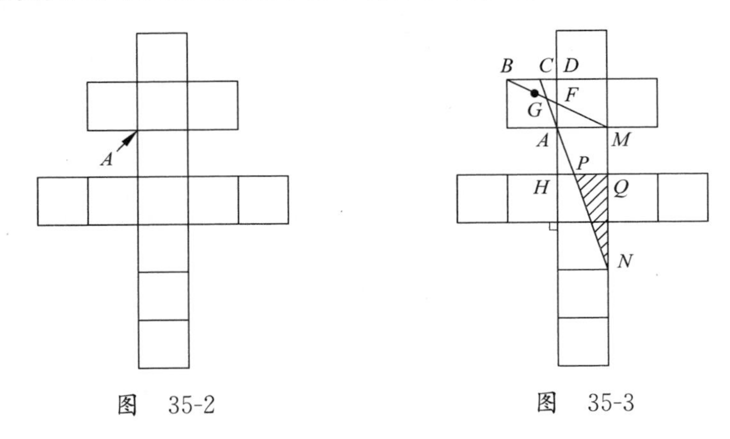

图　35-2　　　　图　35-3

36. 杭州重修道古桥

在剑桥大学的皇后学院内，流经的剑河上有一座桥叫数学桥。传说原桥的设计师是 17 世纪的数学家牛顿。据称牛顿造桥时没用到一根钉子，后来有好事者悄悄把桥拆下来，发现真是这样，却再也无法安装回去，只好在原址重新造了一座桥。

在杭州，也有一座桥是数学家设计建造的“道古桥”，比英国的数学桥更为古老，可惜由于宣传少，大多杭州本地人，甚至数学工作者都不知道它的来龙去脉。

这座桥为什么叫道古桥？道古，是宋代大数学家秦九韶的字。

1238年，秦九韶父亲去世，他就辞官回杭州丁忧。所谓丁忧，是古代的一种制度，父母身亡，子必须回原籍守孝27个月。他见西溪河上没有桥，两岸往来不便，便亲自设计，再通过朋友资助，在西溪河上造了一座桥。桥建好后，原本没有名字，直到元代初年，另一位大数学家朱世杰来到杭州，提出将此桥命名为“道古桥”，以纪念前辈数学家秦九韶，并亲自书写桥名并刻在桥头。

2000年前后，在大规模的城市建设中，这座建于南宋的石桥被拆除了，只留一个公交车站名“道古桥站”。我们虽然还能听到“道古桥”的名字，但已经不见其影了。

这件事让浙江大学的数学教授蔡天新看在眼里，痛在心里。这座桥的背后蕴藏着的可是我国古代优秀的文化啊！

2005年，道古桥原址附近的西溪支流上修建了一座人行石桥，蔡教授数度实地勘察，发现此桥跨河而建，两岸垂柳披挂，风景优美，闹中取静。他得知这座桥还没有名字，就提出把这座新桥叫作道古桥。这个建议得到了有关部门的采纳，就这样新的道古桥就诞生了。华罗庚的大弟子王元院士题写桥名。

这是可以和英国的牛顿数学桥相媲美的一个人文景点！

为什么要如此大费周章重新命名一座桥？秦九韶究竟是怎样一个人呢？

秦九韶是《数书九章》的作者。他最重要的成果要数“大衍求一术”和“正负开方术”（秦九韶算法）。“正负开方术”给出了一元高次方程数值解的方法，直到19世纪初，这一算法才被英国数学家霍纳发现，称“霍纳算法”。“大衍求一术”是20世纪密码学中赫赫有名的“RSA公钥体系”中的关键因素。秦九韶的这两项成果都是当时领先世界的。2005年，牛津大学出版社出版了一本数学史书籍，该书重点介绍的12位数学家中，秦九韶是唯一的中国人。可想而知，秦九韶在数学史上有着如此高的地位。

我们都知道祖冲之，但为什么这数学史里没有提到祖冲之，却有我们都不怎么知道的秦九韶？确实，秦九韶不出名，是历史误会了他。

有种说法，秦九韶荒淫无耻、贪赃枉法、生活无度，甚至犯有人命，这样一个有道德污点的人当然不宜宣传，所以我们老百姓都不知道秦九韶了。

学者蔡天新查阅了很多典籍，还访问过有关历史研究人士，他认为秦九韶是被奸臣陷害，是政治斗争的牺牲品。这个问题是史学家的事，这里就不展开了。

这里重点要谈的是关于三角形面积公式。三角形面积公式有好几个，除我们知道的 $S=\frac{1}{2}bh$ 之外（图 36-1），还有一个是已知三条边求三角形面积的公式。

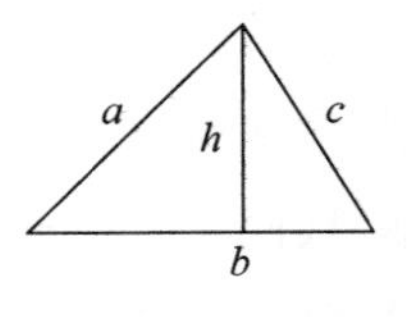

图 36-1

西方的海伦公式就是其中之一：

$$S=\frac{1}{4}\sqrt{(a+b+c)(b+c-a)(c+a-b)(a+b-c)}。$$

其实秦九韶也给出了一个已知三条边求三角形面积的公式，这就是“三斜求积术”，与海伦公式等价，是独立发现的。这个公式是这样的：

$$面积^2=\frac{1}{4}\left[小^2\times大^2-\left(\frac{大^2+小^2-中^2}{2}\right)^2\right],$$

其中，大、中、小，是按大小顺序表示的三角形三条边。

这个公式的证明只须用到勾股定理，但是比较烦琐，这里就不加证明了。我们举个例子说明一下。

设$\triangle ABC$，$AB=4$，$BC=9$，$CA=6$，求该三角形的面积。

如果利用基本公式 $S=\frac{1}{2}bh$ 来解，那么需要求出高 h，这个对小学生有一定的困难，因为通常要利用三角函数知识才能求得 h。

但利用海伦公式或秦九韶的“三斜求积术”，就很方便了。

用秦九韶三斜求积术：$BC=9$，是“大”，$CA=6$，是“中”，而 $AB=4$，是“小”。代入公式后得

$$S^2=\frac{1}{4}\left[4^2\times9^2-\left(\frac{9^2+4^2-6^2}{2}\right)^2\right]=91.44,$$

$$S=9.56。$$

用海伦公式，代入公式后得

$$\begin{aligned}S&=\frac{1}{4}\sqrt{(4+9+6)(9+6-4)(6+4-9)(4+9-6)}\\&=\frac{1}{4}\sqrt{19\times11\times1\times7}\\&=9.56。\end{aligned}$$

都得出了正确的结果。

需要指出，秦九韶的“三斜求积术”是独立发现的。而且，秦九韶还给出一些经验常数，如筑土问题中的“坚三穿四壤五，粟率五十，墙法半之”等，即使在当前仍有现实意义。

37. 华罗庚修改稻叶面积公式

大数学家华罗庚和其他的数学家不同，他乐于解决日常生活、生产中的小问题。

有一次，他来到农业科学院。那里的农学家正在计算水稻、小麦的叶片面积。因为叶是农作物进行光合作用的重要部分，在研究作物生长情况、总结丰收经验的时候，常常要计算叶面积。

求叶面积可以用专门的仪器，也可以用高等数学方法。但是这两种方法都很麻烦。印度的数理统计学家伯塞，提出了计算稻叶面积的“经验公式”：

稻叶面积＝稻叶长×宽＋1.2。

这个公式得到世界公认，我国的农学家也沿用这个公式计算稻叶的面积，从未有过异议。

可是华罗庚在观察了试验田里的水稻之后，立刻提醒他们：伯塞的公式不适合他们的稻叶。农科院的人们将信将疑，当场采集了一些稻叶进行测量，果然误差很大。他们感到很奇怪，于是华罗庚教授画了一张图向他们解释：

伯塞收集的稻叶形状大致像图 37-1 的样子，叶在$\frac{1}{3}$处收尖，面积大约等于两个矩形与一个三角形的面积之和，所以

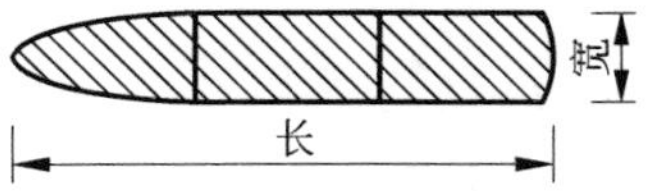

宽
长

图 37-1

$$S \approx \frac{1}{2} \times \frac{1}{3} \times 长 \times 宽 + 2 \times \frac{1}{3} \times 长 \times 宽$$

$$= \frac{1}{3} \times \frac{5}{2} \times 长 \times 宽$$

$$= \frac{长 \times 宽}{1.2}。$$

但是，这个农科院试验田里的稻叶更为狭长，在叶的$\frac{1}{2}$处就开始收尖了。它的面积大致等于一个矩形与一个三角形的面积之和。因此，简单地套用伯塞公式，必然会估高了稻叶的面积。在华罗庚教授的启发下，农科院的同志修改了这个经验公式。

1980年8月，第四届国际数学教育会议在旧金山举行。作为4位主讲人之一，华罗庚教授作了题为“在中华人民共和国普及数学方法的若干个人体会”的报告，受到了国内外专家的高度评价。在这篇报告里，华教授讲述了这个修改稻叶面积公式的故事。

38. 方格纸与公式

有这样一则幽默故事，据说是留德的杨佩昌博士说的。

一个英国人，在马路上掉了一分钱，“一分钱有什么了不起”，英国人表现得很绅士，耸耸肩膀就走了。

一个美国人，在马路上掉了一分钱，那么他会马上打电话给警察：“我丢了一块钱，马上来给我找，因为我是纳税人。”

而一个德国人在马路上掉了一分钱，那么他会在丢钱的范围内画出一万个小方格，拿着放大镜，挨个去找，最后还真找到了。

这个德国人画方格，看起来有点傻，但这是个数学方法。有时候，平淡无奇的方格纸，可能冷不丁爆出一个公式来，你信吗？

方格纸也可以用来求面积你知道吗？

比如图38-1是一片叶子，它的面积是多少呢？有点难，因为它是个不规则图形。怎么办？将它放在方格纸上，数一数它遮住了31个方格；还有22个方格是部分遮住了，有的遮住了大半个方格，有的是小半个，大致上可以认为遮住了11个方格。于是可以确定，这片叶子的面积近似等于31＋11＝42个单位。

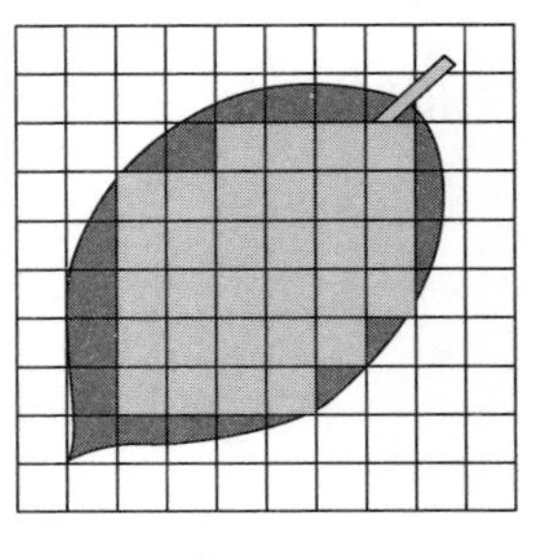

图　38-1

这个方法是数格子数，其实，还可以数格点数来求面积。所谓格点，就是方格纸上的那些交点。

格点分为两种，一种是图形内部的格点，另一种是图形边界上的格点。

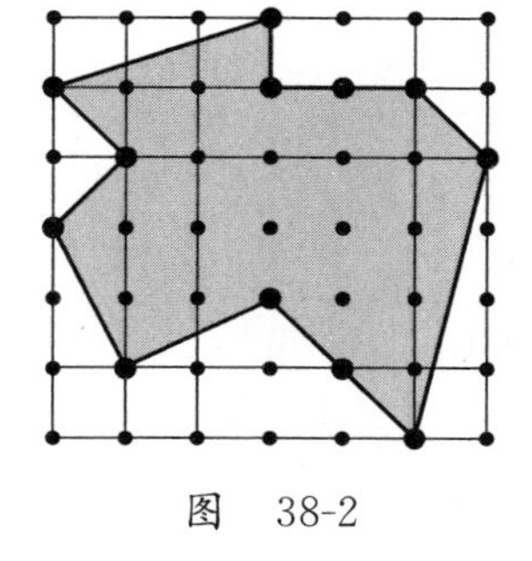
图 38-2

如果有个多边形，它的顶点正好全是格点，那么这个多边形叫格点多边形。1899 年，奥地利数学家皮克说，图形内部的格点如果有 m 个，而图形边界上的格点数是 n 个，格点多边形的面积等于 $m+\frac{n}{2}-1$，这就是著名的皮克定理。

图 38-2 里有个格点多边形。它的面积等于多少呢？

先数一数内部的格点数，$m=16$ 个，再数一数边界上的格点数，$n=12$ 个，根据皮克定理，

$$S=m+\frac{n}{2}-1=16+12/2-1=21。$$

如果利用前面说过的数方格数的方法来检验一下。有 13 个完整的方格，16 个不完整的方格，那么大致占了 $13+16/2=21$ 个方格。哈哈，竟然分毫不差！

有了皮克定理，就容易求不规则图形面积的近似值了。比如，图 38-1 的叶子，我们先把它看作格点多边形，再数一数内部格点数以及边界上的格点数，用皮克定理立即可以算出叶子面积的近似值。

39. 数绿豆，算面积

《小学数学教师》杂志曾刊出文章报道，天长小学的数学老师吕琼华引导学生撒一把绿豆，问能否估计出不规则图形的面积。

在吕老师的引导下，学生们开始尝试做实验：将白纸铺在长方形的盒子中，白纸上画了一个不规则图形。然后随机撒绿豆，看看绿豆在长方形、不规则图形中的分布，来推测面积关系。

最后的结论是：撒在长方形白纸上的绿豆数量，大概是撒在不规则图形上的绿豆数量的 1.8 倍。于是可以算出不规则图形的面积。学生开阔了眼界，不规则图形面积还可以这样来求！为吕老师点赞！

这个方法其实是蒙特卡罗法。

蒙特卡罗是摩纳哥的赌城的名字，赌博当然和概率有关，所以蒙特卡罗方法是概率的方法，也称统计模拟方法。

撒绿豆的方法也可以求圆面积，从而求出圆周率。具体做法是在盒子底部的白纸上画一个圆，然后向盒子里撒绿豆，看多少绿豆在圆内，多少在圆外，利用比例知识就可以求出圆面积。

其实这个做法可以改进一下，我们不需要真的撒绿豆，而用别的方法来代替和模拟。

不过先要对学生讲解一个预备知识——坐标，就是一对数可以确定一个点。比如数对(1,2)是指坐标系里，离开坐标原点横向 1 个单位、竖向 2 个单位的点。

下面我们介绍具体的做法。

我们知道关键是求出圆面积。为了方便，我们只计算直角扇形的面积，这个面积乘以 4，就是圆面积。

取一张 10×10 正方形的纸，规整地放在桌上。确定它的左下方的顶点 O 为坐标原点，然后确定横轴和纵轴。并画出这个直角扇形，它的圆心是原点，半径是 10(图 39-1)。

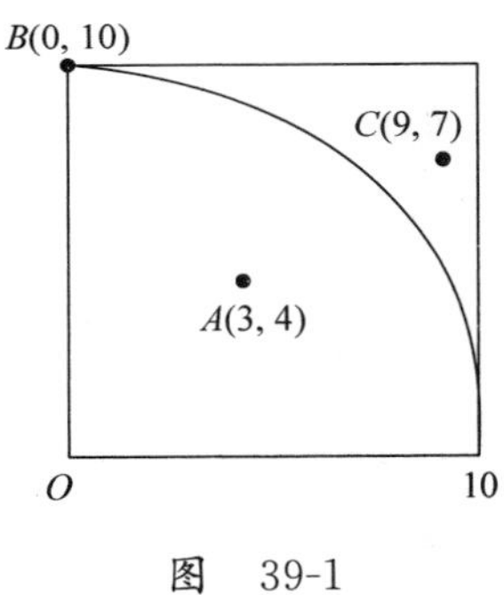

图 39-1

这样一来，第一对数(3,4)就对应了点 A，第二对数(0,10)就确定了点 B，第三对数(9,7)确定了点 C。利用勾股定理，

$$\sqrt{3^2+4^2}=5<10,$$

$$\sqrt{0^2+10^2}=10,$$

$$\sqrt{9^2+7^2}=\sqrt{130}>10。$$

这说明 A 点到圆心的距离 5，小于半径 10，A 点在扇形内。同样可知道，B 点在扇形边界上，C 点在扇形外。实际上为了计算方便，可以这样算：

$$3^2+4^2=25<100,$$

$$0^2+10^2=100,$$

$$9^2+7^2=130>100。$$

总之可以知道，A 在扇形内，B 在扇形的圆弧上，C 在扇形外。

接下去的工作，不是撒绿豆，而是取数对。撒出去的一粒绿豆是随机的，我们随机地取一对数(x,y)(x,y 是 0～10 之内的整数)，相当于撒一粒绿豆。

对于每一对数(x,y)，计算一下 x^2+y^2，然后和 100 去对照，小于 100 的，这个点在扇形内，等于 100 的在扇形的圆弧上，大于 100 的在扇形外。作为特殊情况，x,y 之中出现一个 0，必定在直径上。

这个数对怎么确保随机地取到？可以这样处理：制作两个口袋，每个口袋里放 11 张小纸条，上面分别写上 0～10 共 11 个数字。然后男生拿一袋，女生拿一袋，从男生的袋里取出的数字作为横坐标，从女生袋里取出的数字作为纵坐标。每从男生、女生口袋里各取出一个数，意味着得到了一对数，对应了一个点，也相当于撒了一粒绿豆。

然后判断一下 x^2+y^2 是小于、等于还是大于 100，即判断每个点是在扇形内、扇形外(在边界上的点可以当作扇形内处理)。

当数对取得很多的时候，扇形面积就可以用比例方法计算得到，就是

$$\frac{扇形面积}{正方形面积}=\frac{落在扇形内的数对数目\ m}{全部数对的数目\ n},$$

其中，n,m 可以经过统计得到，正方形面积等于 $10\times10=100$，于是可以求出扇形面积以及圆形面积，进而可以求出圆周率。

我们已经把撒绿豆改进为取数对。我们一次次摸出来的数，叫作随机数。我们再一次加以改进，比如可以事先制作一张随机数表。

小纸条摸出来的数对(3,4)，我们简化一下，写成“34”。

我们在卡片上分别写 00,01,02,…,99。然后，把这些卡片打乱，一张张整齐地排列起来。这就是一张随机数表。我们按次序取，取一张，就是取了一个数对，也就是撒了一粒绿豆。

注意，这张随机数表没有考虑边界的点，这样做并不影响结果，不过这个道理一下子难以讲清楚，这里略去了。

如果你还是觉得麻烦(应该这样想，感到有缺点，才有改进，这是发明、创造的动力)，那么我告诉你，我们可以再次改进，利用计算器就可以产生随机数，只要按一下就出来一个随机数(说确切一点是伪随机数)。

好，我们小结一下。

原来是纯数学的问题（计算不规则图形面积，计算圆面积），我们用撒绿豆的办法，这是一个思维上的飞跃。原先我们用的是几何推理，现在用的是概率统计-蒙特卡罗法；原先答案是唯一的，现在你我的答案可以不完全一样，你自己独自实施，第一次和第二次结果可能也不一样。这一点颠覆了我们原先的认知。蒙特卡罗方法现在应用极其广泛。

但是撒绿豆太麻烦，可以改为取数对。这个做法叫作模拟。一个真实事物或者过程，难以实现或者过于复杂，我们用另一个事物或者过程来代替，但是要保持本质没有变化或者基本特征没有变化，至少基本没有变化。这就是模拟。这个思想又是一个飞跃。

模拟思想很重要，被广泛使用。特别是计算机诞生以后，用计算机进行模拟，可以解决大量的难以实现的现实问题。比如军事演习，红军、蓝军对打，弄不好要有伤亡的，至少人力、财力上的投入很大。用计算机模拟，成本就大大降低了。所以计算机模拟方法为军事界广泛应用。

模拟的方法有时可以改进。前面我们先是男女同学摸数，后来制造随机数表，最后利用计算器产生随机数，就是改进的过程。

40. 飞镖和风筝

平面镶嵌是一门大学问，充满了艺术性，19 世纪著名的荷兰版画家埃舍尔创造了很多美丽的镶嵌图，精美无比，有的甚至有点让人眼花缭乱。

像埃舍尔这样的镶嵌艺术家，以及那些花布设计师、建筑设计师、结构化学家，数学一定是不错的，因为镶嵌问题中充满了数学知识。1900 年，在国际数学家大会上，著名数学家希尔伯特提出了引领世界数学发展的 23 个问题，其中就有与此相关的问题。

大家都知道，用一个正多边形去铺满平面，只有正方形、正三角形、正六边形几种，这是因为那些多边形的内角必须满足一个条件，即每一个公共顶点处，几个多边形的顶角之和等于 360°。

如正方形的内角是 90°,4 个内角合起来等于 360°；正三角形的内角是 60°,6 个内角合起来等于 360°；正六边形的内角是 120°,3 个内角合起来等于 360°……这样的正多边形才可以铺满平面。而正五边形就不行,正五边形的内角是 108°,3 个内角合起来是 324°,不够 360°,4 个内角合起来又超过 360°,所以就不能铺满平面。

后来,人们放弃了正多边形的条件,经过思考发现其实任意三角形都可以铺满平面。因为,适当拼合,都可以做到每一个公共顶点处,几个三角形的顶角之和等于 360°；同样任意四边形也是可以的。(图 40-1)

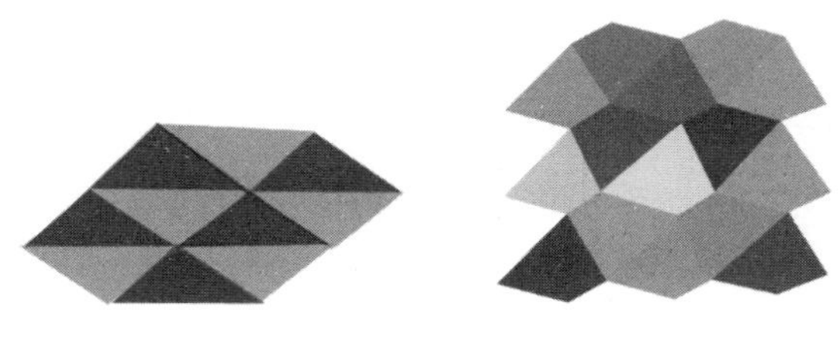

图 40-1

任意的五边形能不能铺满平面？答案是：不是任何一个五边形都能铺满平面的,但某些五边形是可以的,迄今已发现的 15 种可镶嵌的五边形,图 40-2 就是一种。图案如此复杂,想出来真是不容易。

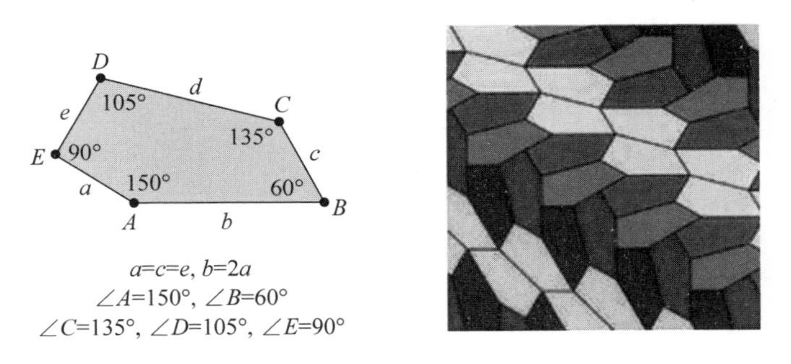

图 40-2

再后来,人们放弃了只用一种多边形的要求,试图用几种多边形联合铺平面。这时候花样百出,更加精彩纷呈。这里特别说一说“飞镖和箭头”组合。

中国澳门在 2007 年发行了一张有镶嵌图的邮票,见图 40-3。

邮票的左下角有个图形是凹四边形，叫“飞镖”，它由两个内角分别是 36°、36°、108°的等腰三角形（这个三角形叫黄金三角形）组成。假设腰长是 1，那么底应该是$\frac{\sqrt{5}-1}{2}$，也就是黄金数。

右下角的凸四边形叫“风筝”，它由两个内角分别是 72°、72°、36°的等腰三角形（这个三角形也叫黄金三角形）组成。假设底长是 1，那么腰应该是$\frac{\sqrt{5}-1}{2}$，也就是黄金数。

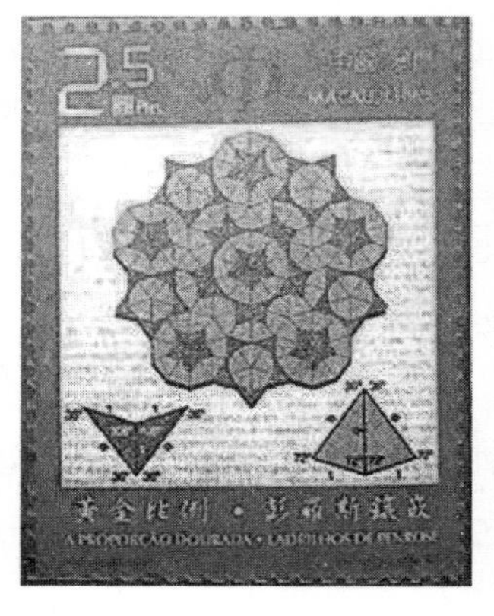

图 40-3

1974 年英国数学家彭罗斯利用这两个黄金三角形，也可以说利用了“飞镖”和“风筝”这两个四边形，做出了一个可以铺满平面的镶嵌图（邮票中央的图），很有意思。

“飞镖”和“箭头”与五角星有密切的关系。五角星可以看成由 5 个“尖角”、1 个“肚皮”组成。图 40-4 的五角星里的“尖角”的部分，就是一个内角分别为 36°、72°、72°的锐角三角形 ACD，两个“尖角”合起来就可以组成“风筝”。

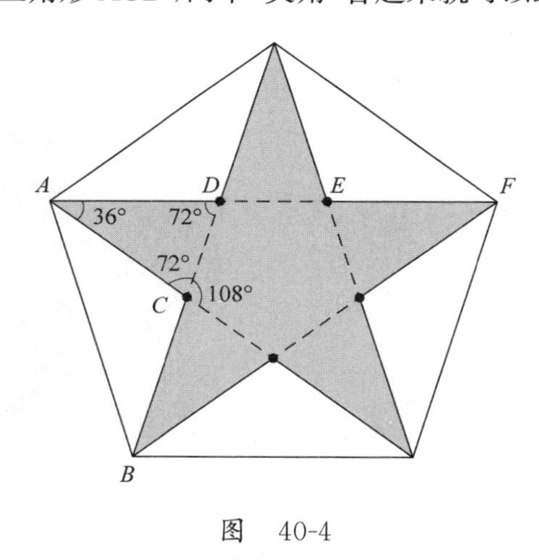

图 40-4

而钝角三角形 ABC 的内角分别是 36°、36°、108°，两个这样的钝角三角形合起来就可以组成“飞镖”。

五角星里的△ABC 和△ACD，都是黄金三角形。

我们已经知道，线段 AF，被 D、E 两点分成三段。其中

$$DE : AD = AD : AE = 0.618,$$

$$AD : DF = DF : AF = 0.618。$$

也就是说，线段 AE 被 D 点黄金分割，线段 AF 被 D 点黄金分割。

五角星和黄金分割的关系实在太密切了！

有意思的是，最近，数学家和计算机科学家竟然用 8 个"风筝"组合成一个十三边形，用这个十三边形也能铺满平面(图 40-5)。

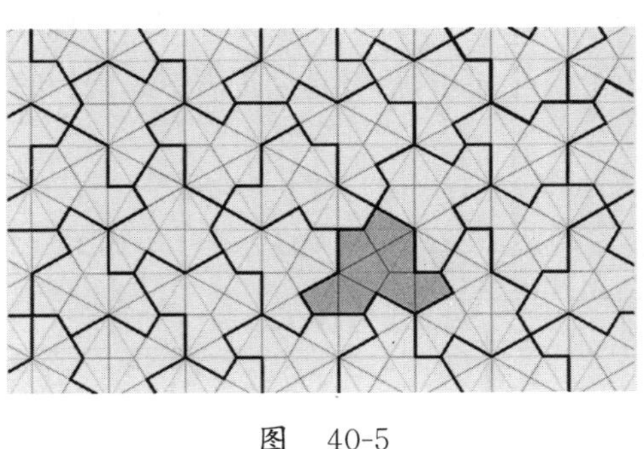

图 40-5

41. 正方形遮盖正方形

关于正方形，有一道名题。这道名题是从一个等式中得到启发而产生的。

将 1^2，2^2，3^2…逐个累加起来，

$$1^2 + 2^2 = 5,$$

$$1^2 + 2^2 + 3^2 = 14,$$

$$1^2 + 2^2 + 3^2 + 4^2 = 30,$$

……

这些和都不是完全平方数。再加下去，一直加到 24^2，才出现巧合，

$$1^2 + 2^2 + 3^2 + \cdots + 24^2 = 4900 = 70^2,$$

其和恰巧是 70^2。

但是，在一块 70×70 的正方形上，是无法不重复地铺上 1×1，2×2，…，24×24 这 24 个小正方形的。

那么，我们把要求放低，能不能在这24个小正方形中挑出几个来，不重复地铺在大正方形上面，使未能遮盖的部分尽可能小呢？

这个题目最早出现在美国科普杂志《科学美国人》上。要注意的是，这个问题不同于分、拼问题，因为我们并不能把大正方形分成许多小正方形而无余料。这个问题已属于裁割问题或覆盖问题了。

这个问题引起很多读者的兴趣，但是能够解答的人寥寥无几。《科学美国人》杂志给出的答案是：

剔除7×7的小正方形，余下的23个正方形都可以铺在70×70的大正方形上。未遮盖部分面积是49个单位，恰好是大正方形总面积的1/100(图41-1)。

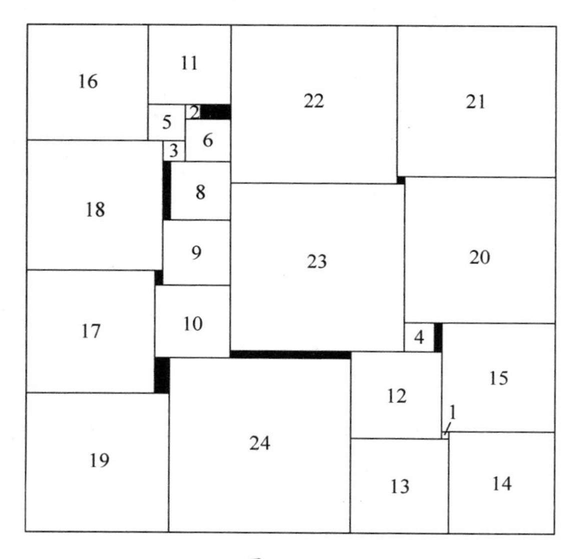

图 41-1

42. 毛皮商妙计招顾客

传说在很久以前，希腊有一家皮货商店，地处僻巷，开张多日还无人知晓，因此门庭冷落，生意萧条。毛皮商心中十分焦急，每天苦思冥想，力图改变局面。

后来，毛皮商终于想出了一个主意。

他在店堂门口挂起了毛色相同的两块皮料，一块是圆形的，中间有个三角形孔洞；另一块是三角形的，大小和圆形料子中的孔洞恰好相等，但是方向相反。他又在两块皮料的旁边贴了一张醒目的告示，上面写道：

“哪位高明的顾客能将三角形毛皮料子剪成 3 块，重新拼接，补满圆形料子的孔洞，可在本店任意选购名贵皮货一件，平价优待。”

消息一传十，十传百，很快传遍了全城，吸引了大量顾客，店铺里一下子门庭若市。

有人说：“为什么要剪成三块，把三角形的那块直接翻个面拼到圆的那个洞里去，不就好了吗?”

要知道，毛皮两面是不同的，一面毛茸茸的，另一面光光的，你这样拼，那块圆的毛皮虽然洞补完整了，但是这块毛皮外周是毛茸茸的，中间的三角区是光溜溜的，谁会要这样的皮料啊?

毛皮商提出的剪拼问题，不同于等积变形，还要考虑图形的正反。在日常生活中，人们经常会遇到这类问题，比如要把两块正方形木板锯一下，拼成一块大的正方形桌面；把长方形的布裁开，拼成一块方桌布，等等。在工厂里的钣金车间，技术员和工人师傅常常要把金属板切拼成各种形状的零件料。对他们来说，拼剪技巧更有用武之地了。

现在，我们给出毛皮商问题的答案。不过要注意，数学上的剪拼问题与实际意义的剪拼问题有所区别，前者不考虑拼剪时候的损耗。

如图 42-1 所示，在三角形毛皮料子上，过顶点 A 作 $AD \perp BC$，D 是垂足；分别找出边 AB、AC 的中点 M、N，连接 DM、DN；沿 DM、DN 把三角形毛皮剪成Ⅰ、Ⅱ、Ⅲ 3 块。

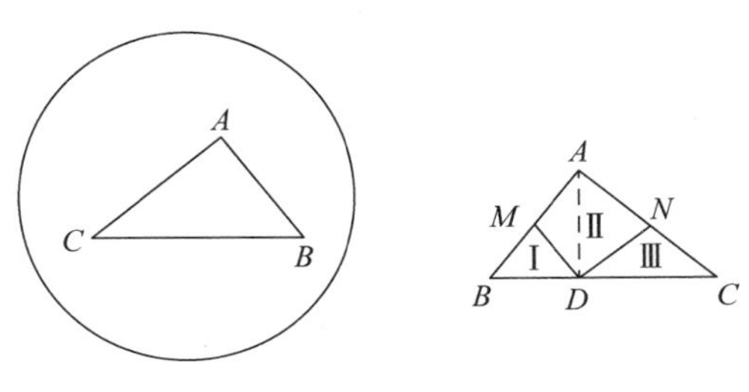

图　42-1

在直角三角形 ADB 中，因为 M 是斜边 AB 中点，所以 $AM=MB=MD$，$\angle B=\angle MDB$。

同理 $AN=NC=ND$，$\angle C=\angle NDC$。

于是 $AB=2MD$，$AC=2ND$。

又因为 $\angle B+\angle BAC+\angle C=\angle MDB+\angle MDN+\angle NDC=180°$，所以$\angle BAC=\angle MDN$。

因此只要把第Ⅰ块皮料和第Ⅲ块皮料对换位置，把第Ⅱ块皮料倒个头（转过 180°）这样拼成的三角形就能够镶嵌到圆料子中间的三角形孔洞中去了（图 42-2）。

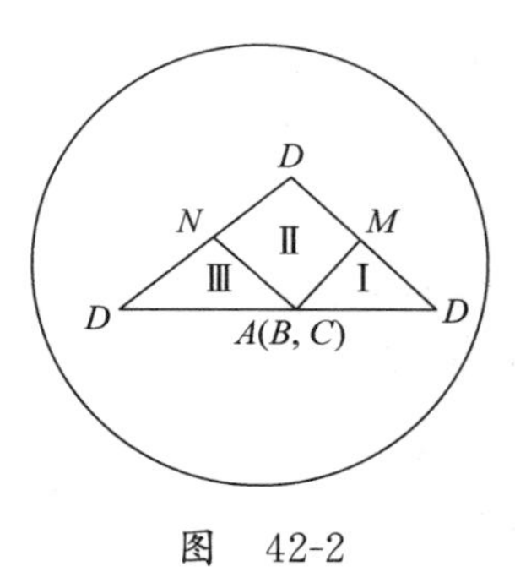

图　42-2

43. 高斯的墓碑上刻的是正十七边形吗？

数学家的墓碑有时有点别出心裁。阿基米德的墓碑上刻着一个圆柱容球；伯努利的墓碑上刻着螺线；鲁道夫的墓碑上刻的是他计算出的精确到小数点后 35 位的圆周率数值；丢番图的墓碑上是一首数学题的诗；陈景润的墓碑上刻着“1+2”……

德国的大数学家高斯的墓碑上刻了一个正十七边形。大家知道，数学家的奇特墓碑上刻的图案或文字，往往和这位数学家生前的成果有关，而且往往是和他一生中最高的成果有关。

高斯是历史上三位最伟大的数学家之一（另两位是阿基米德和牛顿），他开创了好几个数学研究的新领域，正十七边形的画法对他来说，只是“小菜一碟”，那为什么偏偏把这个排不上号的成果刻在墓碑上呢？

这里面有个小故事。

高斯年轻时在哥廷根大学求学。由于他很优秀，老师常常给他“开小灶”——单独给他布置习题。一天，老师给他布置了三道数学题。前两题，高斯很快就完成了，第三题，他怎么也没有头绪。熬了一个通宵，他终于完成了这道难题。

对此，他有些自责，觉得自己可能不适合研究数学。

第二天他遇到老师说：“您给我布置的第三道题，我竟然做了整整一个通宵才做出来，真没出息。”

老师看了解题结果，惊呆了，原来老师误将自己正在研究，并毫无头绪的题作为作业给高斯做了，而他竟然只花了一个晚上就解决了。发现了一个天才，怎么不兴奋呢！老师说：

“你知不知道？你解开了一桩有两千多年历史的数学悬案！”

这道题就是：要求用尺规作图，画出一个正十七边形。

当时，高斯一时拿不准自己应该去研究语言学还是数学。这件事最终让他下定了决心：以研究数学为终身的事业。要不是这件误打误撞的“乌龙”事件，或许世界上少了一位伟大的数学家。那人类的历史可能就不一样了……

成名后的高斯回忆起这件事，说：“如果有人告诉我，这是一道有两千多年历史的数学难题，我可能没有信心解下去了。”俗语说：无知者无畏，又说：初生牛犊不怕虎，这是有点道理的。

是的，历史常常因为一件“乌龙”事件而改变。但是不得不说，高斯是有实力的，如果这件事发生在常人身上，情况肯定完全不一样了。

为了纪念自己的这个关键时刻，高斯交代后人要把正十七边形刻在他的墓碑上。

但是……

他的墓碑上并没有刻上正十七边形，为什么？

因为刻碑的师傅认为，正十七边形几乎接近圆了，大家一定分辨不出来，所以改刻成十七角星。

需要说明一下，高斯本人实际上并不会画正十七边形，他是从理论上阐述了能够通过尺规作图作出的正多边形需要满足的准则。第一个真正的正十七边形尺规作图法是由约翰尼斯·厄钦格给出的。

正十七边形作图是很烦琐的。按照这个准则，有人陆续给出了正257边形和正65 537边形的尺规作图过程，那就更复杂了。光草稿就可以装一箱子。科学的进步，需要像高斯这样的大家引领，也需要一批数学家刻苦地、努力地发扬光大。

44. 怪模样的放映灯

在过去的农村，看电影是一个重要的，也是难得的文娱活动。生产队的场地上白布一挂，成百上千的人席地而坐，聚精会神地观看电影。

那时的农村里缺电，那么放电影这个问题怎么解决呢？

有一种便携式的小放映机，省电。

这个放映机里有一个灯，叫“全反射式电影放映灯”(图 44-1)。它几乎全身镀着亮闪闪的银，一边像截去底的大碗(弧 AM、线段 MN、弧 NB 组成的部分)，另一边像小半个西瓜(弧 AhB)，模样挺怪，与我们平时看到的普通灯泡完全不同。

放映灯为什么要设计成这种怪模样呢？

原来，把电影胶片上的图像，放映在比它大许多倍的银幕上，需要一束很强的光线，普通灯泡发出的光射向四面八方，要是用它做光源，只有很小一部分的光能照在胶片上，其余就全都浪费了。为了把光线集中起来，尽可能多地照在胶片上，设计师才想出了这种怪模样的放映灯。

图 44-1 是这种放映灯的截面图。图中直线 MN 是光线射出去的透明窗口，AM、BN 是两条圆弧，AhB 是一条椭圆弧。

椭圆很容易画。取一根细绳，用两枚图钉把它的两端固定在图画板上，再用铅笔尖把绳子拉紧，慢慢移动铅笔，就可以画出一个椭圆(图 44-2)。

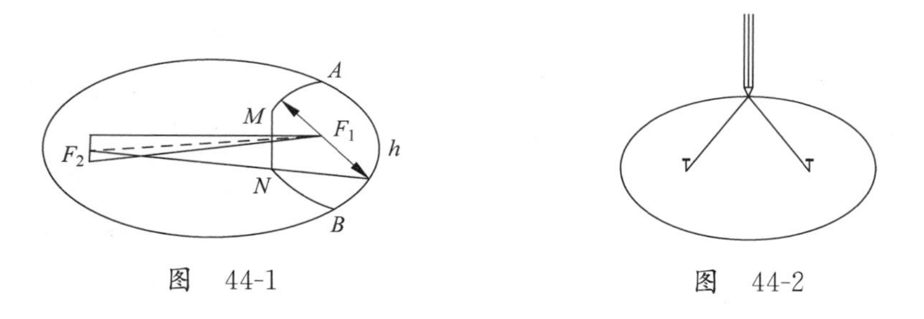

图 44-1　　图 44-2

钉图钉的两个点叫作椭圆的“焦点”。椭圆有个很有趣的性质：从一个焦点发出的光或声音，经过椭圆周反射，可以全部聚集到另一个焦点处。这就是椭圆的光学性质。

放映灯的灯丝就安装在椭圆的一个焦点 F_1 处，电影胶片放在椭圆的另一个焦点 F_2 处。F_1 同时还是圆弧 AM、BN 的圆心。

灯丝 F_1 发出的光，可分解成三部分。

第一部分能直接通过透明窗口 MN 照射到 F_2 处的胶片上。

第二部分，通过涂银的椭圆弧 AhB 的反射，也聚集到另一个焦点 F_2 处。

第三部分，先射到涂银的圆弧 AM、BN 上，再反射到椭圆弧上，接着，又被反射到 F_2 处的胶片上。

这样，绝大部分光线都被集中起来，射到胶片上，满足放映电影的需要。

这个放映机主要利用了椭圆的光学性质。利用椭圆的这个性质，古希腊人建造过一个椭球形屋顶的音乐厅，演奏台设在其中一个焦点处，这样，音乐厅里一个乐队演奏，两个地方同时发声，就相当于两支乐队同时在演奏，音响效果很好。美国犹他州的盐湖城，有个摩门神堂，屋顶是椭球形的，圣坛设在一个焦点上，圣坛前安装了一个半身人像。另一个焦点隐蔽起来，从那儿发出的声音通过椭球形屋顶传到圣坛旁，使走进教堂的人觉得是半身人像在说话、唱歌，从而营造一种神秘感。

杰尼西亚是古希腊叙拉古王朝的暴君，他为了镇压起义，把成千上万的老百姓投入了监狱。有一座监狱设在西西里的一个采石窟，采石窟很深，窟底到洞口有 30 多米，洞口把守着凶狠的狱卒。

难友们在采石窟里商讨越狱计划，但是很快被杰尼西亚知道了，组织越狱的骨干遭到残酷杀害。难友们怀疑内部出了奸细，但是细细分析却没有任何迹象。原来，这个采石窟的洞壁是椭球状的，而洞口正是一个焦点所在地，囚犯聚集的地方又恰巧在另一个焦点附近，因而他们的悄悄密谈都通过洞壁反射到洞口狱卒的耳中。囚犯们痛恨这个采石窟，诅咒它是“杰尼西亚的耳朵”。

45. 卫星天线和猫耳朵

大家都见过卫星天线，它像一把倒放的伞，早些年还是很流行的，现在在没有安装闭路电视的偏僻农村还是常用的。它的作用就是将电视信号的波收集起来，通过这把“伞”集中反射到“伞”中心的一个装置上，然后传递到家里的电视机上。

猫在听某个方向的声音时会竖起耳朵，这样可以把声音集中到鼓膜上去。卫星天线和猫耳朵似乎是风马牛不相及的两个物件。但是，在数学家的眼里，卫星天线收集信号和猫耳朵收集声音的原理却是如出一辙的，它们的结构都和一种叫“抛物线”的曲线密切相关。

什么是抛物线呢？篮球比赛罚球时，篮球在空中划过的曲线就是抛物线。美丽的喷泉喷出来的水珠，也给我们描绘出一条条抛物线的形象。

抛物线是轴对称图形。在它的对称轴上，有个重要的点叫作抛物线的焦点。如果在焦点处放置一个灯泡，灯泡发出的光，经过抛物线反射后，能变成一束平行光线照射出去。反过来，和抛物线对称轴平行的光线照射到抛物线上，经过反射，也会聚集在焦点处。这个聚光的性质，被称为抛物线的光学性质。

把抛物线绕对称轴旋转一周，得到的曲面叫抛物面(图 45-1)。和抛物线一样，抛物面也有聚光性。卫星天线用的就是抛物面。

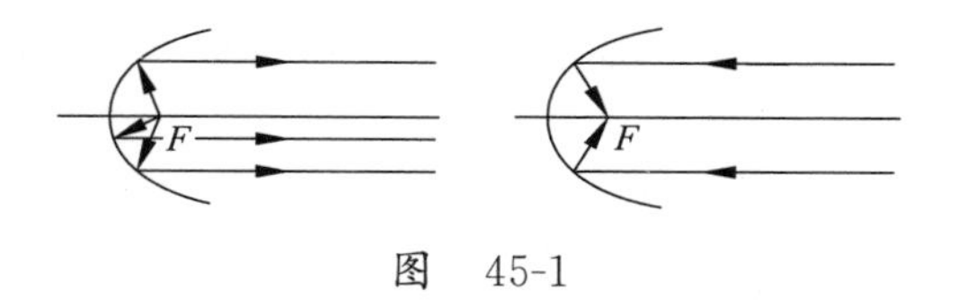

图　45-1

过去有一种太阳灶，也是利用这个性质设计而成的。当太阳光沿对称轴方向照射到太阳灶内壁，就被反射到焦点处，在那儿产生很高的温度。比较先进的太阳灶，模样像一把撑开、倒立的伞，伞面用性能良好的反光材料制成，伞面直径一米多，在天气晴朗的日子里，它的焦点处的温度可以达到六七百摄氏度。

“焦点”一词来源于希腊。原意是“火”“炉子”。太阳灶的出现，使这个词汇名副其实了。

历史上，第一个利用抛物面聚光性的人，是古希腊的阿基米德。当罗马人打算从海上进攻叙拉古城的时候，阿基米德制造了巨大的抛物镜，用聚集起来的阳光焚毁了入侵者的船只。

现在抛物面的聚光性在许多领域中得到了应用。除了前面提到的卫星天线、太阳灶，还有手电筒、探照灯、舞台照明灯的反光罩都有抛物面设计，所以这些灯射出的光都是一束束平行线，能照得很远。接收各种声波、电波的雷达也是呈抛物面状的。因为声波、电波的传播和光相同，一束声波沿着对称轴方向传到抛物面之后，经过反射，也会聚集在焦点处。

猫耳朵的内廓，也是旋转抛物面，就和一对探声雷达一样。而且猫耳朵还会转动，难怪猫的听觉那么灵敏，即使是一丝极其微弱的鼠叫声，也逃不过它的耳朵。

46. 用一块灰鼠狼皮围成的土地

相传，古时候北非有个名叫纪塔娜的妇女，她是海枣王的妻子。有一个时期，海枣王与另一个部落关系紧张。在一次和谈中，那个部落酋长拿出一张灰鼠狼皮，傲慢地说：

“你要我们割地赔偿吗？可以，你用这张灰鼠狼皮去围一块土地，能围多少，就给你多少。”说罢便哈哈大笑而去。

一张灰鼠狼皮能围多大的地？这不是在侮辱人吗？

但是纪塔娜却暗暗高兴。她把灰鼠狼皮剪成许多极细的小条条，再把这些小条条接成一根很长的带子，又以海岸线为直径，用这条长带子围出一片半圆形的土地。这片土地是那样的大，使傲慢的酋长目瞪口呆。后来，数学家们证明，纪塔娜围出的那片土地，是她那根带子所能围出的土地中面积最大的。

数学上要研究在周长相同的情况下，哪种图形面积最大。

不少读者已经知道，在同样周长下，面积最大的矩形是正方形。

不但如此，在周长一定的条件下，三角形中正三角形面积最大，五边形中正五边形面积最大，六边形中正六边形面积最大……

那么，具有同样周长的正三角形与正方形，哪个面积更大呢？

我们分别用 12 根火柴搭出正三角形（每边摆 4 根火柴）和正方形（每边摆 3 根火柴）。

三角形的面积

$$S_1=\frac{1}{2}\times 4\times 4\times \sin 60^\circ \approx 7。$$

正方形的面积

$$S_2=3\times3=9。$$

后者比前者大了 2 个单位。

由此我们得出结论：在同样周长的条件下，正方形的面积比正三角形的面积大。但是，在同样周长的条件下，与正五边形、正六边形等比较，正方形就失去了“面积优势”。用 12 根火柴搭一个正六边形（每边摆 2 根火柴），它的面积显然为

$$S=\frac{1}{2}\cdot3\sqrt{3}\cdot2^2\approx10,$$

比正方形大了约 1 个单位。

从上面一些例子可以看出，一个凸的正多边形图形，在周长相等的情况下，边数越多，所含的面积就越大。当边数越来越多，以至趋向无穷的时候，正多边形趋向于圆。由此可见，在同样周长的平面图形中，圆的面积最大。

因此，纪塔娜巧妙地借用海岸线（这可以使她节省很长一条带子），把土地围成一个半圆形，是很有科学依据的！

这样的问题叫等周问题。

记得在 20 世纪 80 年代，百万青年奋发学习，上海复旦大学的数学大家苏步青老先生亲自出马，为青年教师举办讲座，第一讲的主题就是“等周问题”，引起很大的反响。

47. 一场作图比赛

德国数学家亚当·里斯小时候对几何作图很感兴趣，一次，他和一位制图员比赛，看谁能在一分钟内画出更多的互相垂直的直线，还规定只能运用标准的尺规作图工具，也就是只能用圆规和没有刻度的直尺。

比赛一开始，制图员在纸上画了长长的一条直线，然后用作线段垂直平分线的方法，在这条直线上用圆规和直尺画上一条条垂线（图 47-1）。

一分钟很快过去了。制图员得意扬扬地想：这回我肯定胜了，小里斯一定没想到这个好方法。在制图员的想象中，亚当·里斯是如图 47-2 所示的那样一个一个分开画的。

可是，当他抬起头来看到亚当·里斯已经画出了很多组垂线的时候，不禁目瞪口呆。

原来，小里斯先用圆规在纸上画了一个圆，用直尺画了一条直径 AB，然后从直径的两个端点 A、B 出发，画了许多顶点在圆周上的角。平面几何知识告诉我们，这种直径所对的圆周角等于 90°，所以小里斯画的一组组的线段都互相垂直(图 47-3)。

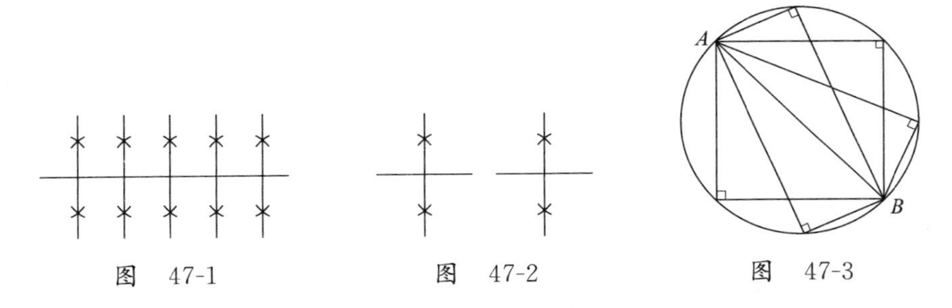

图 47-1　　图 47-2　　图 47-3

制图员每画上一组垂线，都要使用两次圆规，而亚当·里斯画那么多垂线，总共只要用一次圆规，无怪乎他的速度比制图员要快得多了。

48. 第四难题

根据高斯正 n 边形作图的判别法，人们可以用尺规作出正 17、正 257、正 65 537 边形，但是不能作出正七边形。关于作正七边形的问题，早在古希腊时代就已经引起了数学界的兴趣。可惜，谁也没有找到解决问题的办法。因此，有人把用尺规作正七边形问题称作“第四难题”，其名声仅次于三分角、立方倍积及化圆为方。

阿基米德最早证明了用尺规不能作出正七边形。因此，“第四难题”不是难不难的问题，而是根本不可能的问题。但是，这是在尺规作图限制下的情况。

如果不限于尺规作图，正七边形还是可以作出的。

用两把角尺就可以作图：

首先作折线 $ABCDE$，使 $AB \perp BC$、$BC \perp CD$、$CD \perp DE$，且 $AB=1$、$BC=1$、$CD=2$、$DE=1$，以 B 为圆心，AB 为半径作圆，与 CB 延长线交于 K(图 48-1)。

再放置两把角尺，使它们的一对直角边重合，两个直角顶点分别在 CB、CD

的延长线上，另一对直角边经过 A、E 点。作折线 $AXYE$。

过 XB 的中点 H 作 $FG\perp XB$，与圆相交于 F、G，则 FK 就是内接于该圆的正七边形的一边长。

另外，还可以用尺规近似地作出正七边形。

在半径为 R 的圆中，以一条直径的一个端点 P 为圆心，以 R 为半径画弧与原来的圆相交于 A、B 两点；连接 AB，线段 AB 的一半 AC 长近似为正七边形的边长，约等于 $0.8678R$（图 48-2）。

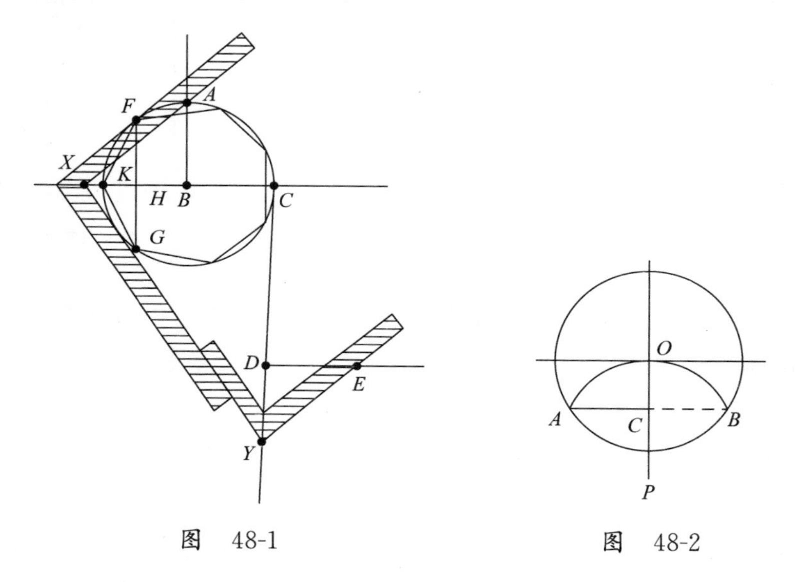

图　48-1　　　　图　48-2

这样画出来的近似正七边形，它的圆心角是 $51°19'4''$，与标准正七边形圆心角（$51°25'43''$）相差无几。在一般情况下，这样的误差已经可以接受了。

有人把这个作法归纳成一句口诀，叫：零点八六六，巧垒七星灶。

七、立体几何集锦

49. 小题“大”做

马丁·加德纳曾经出过一道题目：把一个立方体分割成 27 个小立方体，至少要用刀切几次？据马丁·加德纳说，这个问题佛朗哥·荷逊在 1950 年也研究过。

后来，这个小问题传到了日本，竟然引起了大数学家矢野健太郎的浓厚兴趣。小问题由大数学家来做，是不是小题“大”做？矢野先生动了一番脑筋，巧妙地把它解了出来。

矢野先生在 1955 年 8 月 13 日的《朝日新闻》上发表了一篇题为《趣味的解答》的文章，对这个问题作了介绍：

要想把一个立方体分割成 27 个小立方体，只要用刀子在上面竖切两次，横切两次，然后在侧面横切两次就行了(图 49-1)。这样一共切了 6 刀。

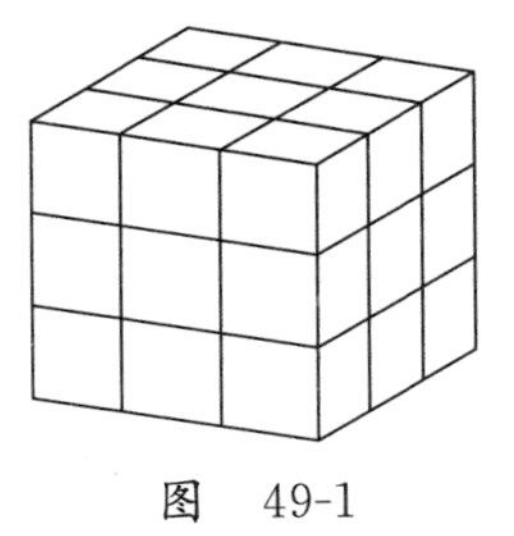

图 49-1

有人说，若改变切法，或者在中途改变其中几块立方体的位置(比如把它们重叠起来)，能否减少切割的次数呢？

矢野先生的结论是，无论如何变化，用刀切 6 次是最少的了，不能再减少切的次数。

为什么呢？

解决这个问题的方法十分巧妙。我们在分割的过程中，应该特别注意在大立方体中心部分切割出来的一个小立方体。在切之前，这个小立方体没有一面是现成的，它的每一面必须都要用刀子切出来，而且每刀只能切出一面，不能同时切出两面或两面以上。所以至少要用刀切 6 次才行。

这样考虑，真是“抓住了牛鼻子”。如果真的去横切、竖切、重叠切……是很难得出令人信服的简洁答案的。

把上述切出来的小立方体看成 $1\times1\times1$，则原先的大立方体就是 $3\times3\times3$。现在再进一步考虑：把 $2\times2\times2$ 的立方体分割成 8 个立方体，至少需要切几刀？

只要切 3 刀就行了。切法如图 49-2 所示。

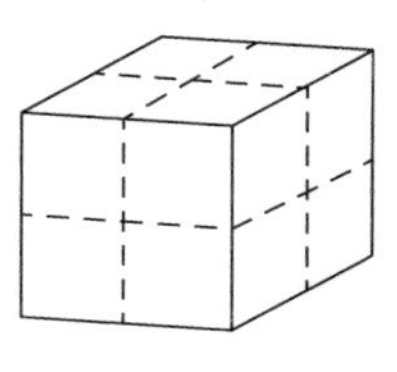

图 49-2

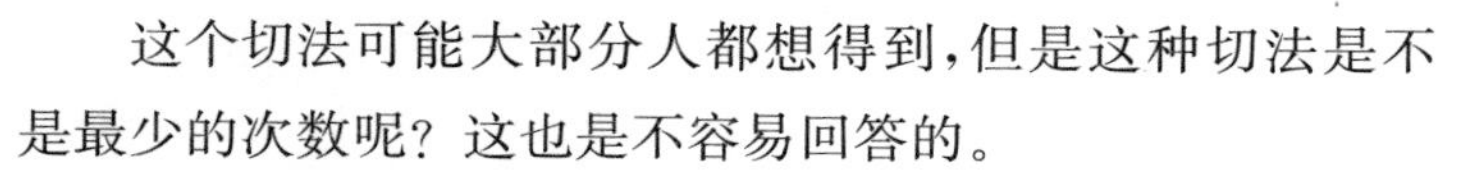

这个切法可能大部分人都想得到，但是这种切法是不是最少的次数呢？这也是不容易回答的。

其实，因为这 8 个小立方体都只有 3 个面是现成的，其他 3 个面必须切 3 次才能切出来。

顺着这条思路想下去，把 $4\times4\times4$ 的立方体分割成 64 个小立方体，是否至少需要切 $3+3+3=9$ 次呢？

不！如果你能适当地重叠起来切，只要切 6 刀就行了。切法如图 49-3 所示。

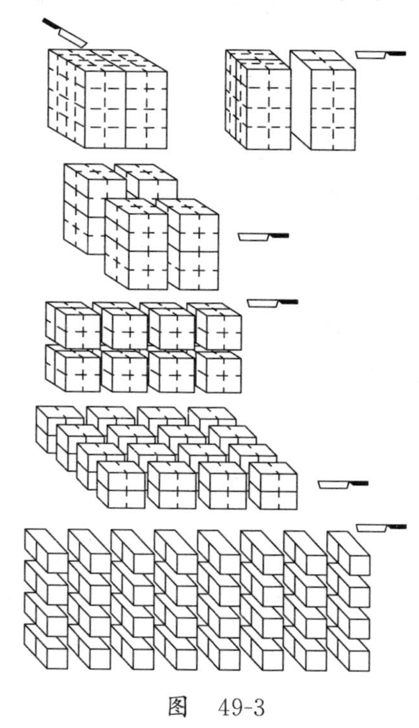

图 49-3

50. 初生牛犊不怕虎

美国的佛罗里达州曾经举行了一场大规模数学竞赛，应考生多达 83 万，其中有道题是这样的：

“一个正三棱锥和一个正四棱锥，所有的棱长都相等，问重合一个面后还有几个暴露面？”

标准答案是：7 个。

一个名叫丹尼尔的学生回答为“5 个”，所以被判错误。小丹尼尔不服气，找评卷教授们去说理。但阅卷老师理也不理，不予更改成绩。

回家后，受到委屈的小丹尼尔把经过告诉了父亲。丹尼尔的父亲是一位工程师，听了儿子的诉说，他也无法判断。好在工程师动手能力比较强，于是亲手做了模型（图 50-1）。重合一个面后，果然只有 5 个面（图 50-2）。图 50-1 中正四棱锥（左）的面 ABE 与正三棱锥（右）的面 $E'B'G$，在拼合时拼成了一个平面（图 50-2）。

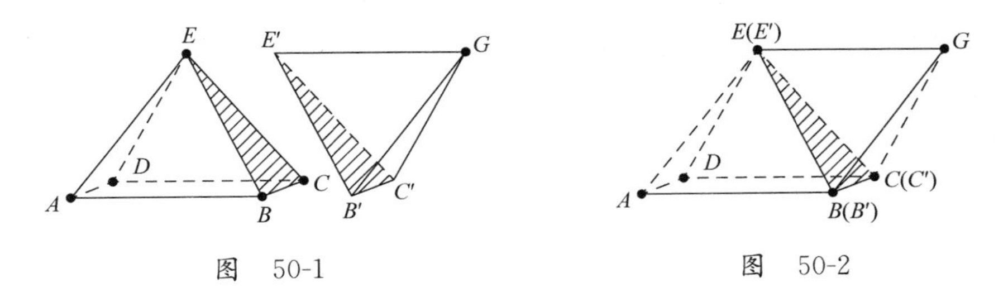

图　50-1　　　　图　50-2

由于阅卷老师的傲慢态度，丹尼尔起诉了阅卷老师。（美国人大大小小的事情都会上法院，法官真的有点忙。）

开庭时，小丹尼尔二话不说，把模型一展示，一目了然，丹尼尔赢了。

科学是严谨的，丹尼尔是根据事实，而阅卷老师则是想当然，大家做事不要想当然啊！

51. 梅文鼎制灯

清代数学家、天文学家梅文鼎出生于1633年，是安徽宣城人。当时正是明末清初、改朝换代的时候。他的父亲不愿意在清政府里做官，躲在江南山村里过着“隐居”生活。梅文鼎从小跟随着父亲生活，学到了不少数学、天文知识。

1692年正月十五的晚上，家家户户张灯结彩，欢度元宵佳节。梅文鼎在观赏花灯的时候发现，这些灯大都是规则的立体形：圆球的、正六面体的、正八面体的等。其中正多面体的吊灯都是由同一种正多边形糊成的。突然，一盏形状与众不同的灯引起了他的极大兴趣。于是，他走进这家屋里，谦虚地向主人请教。主人告诉他这盏灯名叫“方灯”，它是由一组相同的等边三角形和另一组相同的正方形做成的。梅文鼎根据主人的介绍，把灯的形状画在了纸上（图51-1）。

这个方灯是在一个立方体的每一条棱上取中点，然后过这些中点切去8个顶角而得到的。它有6个相等的正方形的面和8个相等的正三角形的面。

梅文鼎在这个基础上继续研究，不久他制作出一种半正多面体的灯，并把它取名叫“圆灯”。这盏灯是由正十二面体或二十面体“以原边之半作斜线相连，依此斜线割之而去其角”制成的（图51-2）。

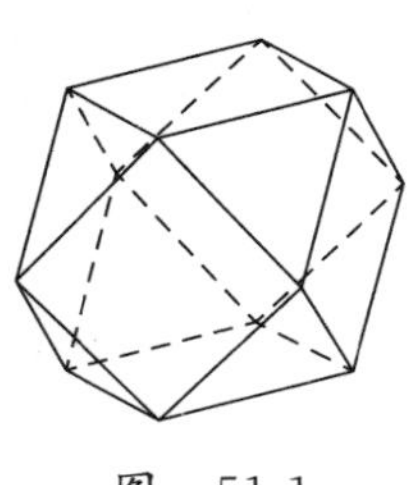

图 51-1

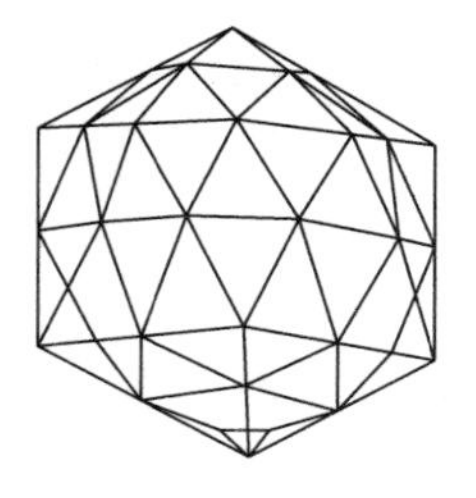

图 51-2

从这个故事中可以看出，梅文鼎对立体几何的研究是很有造诣的。

梅文鼎于1721年去世。他给大家留下了很多关于数学、天文方面的著作。后人把他的这些著作收集起来，编成《梅氏历算全书》。1761年他的孙子梅瑴成又对这套书进行选择，共挑出60卷，重编为《梅氏丛书辑要》，其中包括历法、代数、几何等方面的内容。梅文鼎是位全面发展且具有卓越成就的数学家，对我国数学事业的发展影响很大。

梅文鼎的弟弟梅文鼐、梅文鼏，儿子梅以燕，孙子梅瑴成、梅玕成，曾孙梅鈖等都精通数学。梅瑴成在研究传入中国的西方代数学中发现：所谓的"借根方"就是中国早已创造的"天元术"，也就是解方程的方法。"天元术"因种种原因一度失传。梅瑴成的发现，使"天元术"重新得到重视，使祖国数学成就不致被湮没。

正在这个时期，瑞士的尼古拉·伯努利以及他的儿子雅各布、尼古拉Ⅱ、约翰，他的孙子尼古拉Ⅲ、丹尼尔、约翰Ⅱ，曾孙约翰Ⅲ、雅各布Ⅱ等，在数学上也作出了重大的贡献。

梅氏祖孙四代研究数学，恰好与瑞士伯努利家族媲美，成为历史上有名的两个数学大家族。

52. 一个"万能"的面积、体积公式

数学是美的，除了对称美，还有自然美、统一美、和谐美、简洁美、奇异美等。

我们学过许多面积、体积公式，但有没有一个统一的公式呢？

有个辛普森公式：

$$S=\frac{1}{6}h(b_1+4b_0+b_2), \tag{52-1}$$

其中字母的含义是：（以梯形为例）h 是高，b_1、b_2 分别是上底长和下底长，b_0 是中位线长，S 是面积。我们知道，梯形中位线长等于$\frac{1}{2}$（上底长＋下底长），即 $b_0=\frac{1}{2}(b_1+b_2)$，代入公式(52-1)，得

$$S=\frac{1}{6}h(b_1+4b_0+b_2)=\frac{1}{6}h\left[b_1+4\times\frac{1}{2}(b_1+b_2)+b_2\right]=\frac{1}{2}h(b_1+b_2)。$$

可见和教科书上的梯形面积公式是一致的。公式(52-1)不但可以求梯形面积，还可以求三角形、平行四边形的面积。

三角形可以认为是梯形的特殊情况，其上底 $b_1=0$，中位线 $b_0=\frac{1}{2}b_2$ 代入上述公式，得

$$S=\frac{1}{6}h(b_1+4b_0+b_2)=\frac{1}{6}h\left(0+4\times\frac{1}{2}b_2+b_2\right)=\frac{1}{2}hb_2。$$

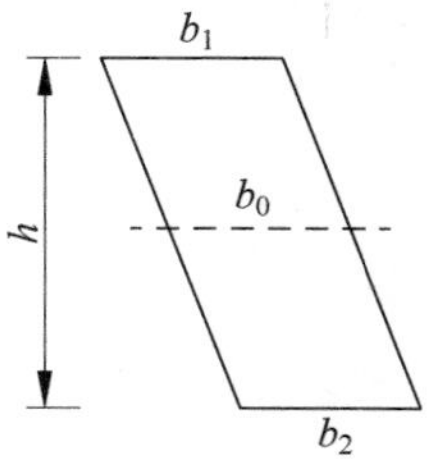

图　52-1

对于正方形、平行四边形(图 52-1)，可以认为上底边、下底边、中位线均相等，于是有

$$S=\frac{1}{6}h(b_1+4b_0+b_2)=\frac{1}{6}h(b_2+4\times b_2+b_2)=hb_2。$$

可见公式(52-1)把三角形、平行四边形、梯形的面积公式统一起来了。不但如此，把这个公式(52-1)改造一下，变成

$$V=\frac{1}{6}h(S_1+4S_0+S_2),\tag{52-2}$$

则是一个可以求体积的公式，其中字母的意义是：(以棱台为例)h 是高，S_1、S_2 分别是上底面和下底面的面积，S_0 是中截面面积。我们知道棱台的上底面和下底面互相平行，所谓中截面，是过高的中点且平行于底面的截面，V 是体积。

棱柱，如长方体的体积显然可以使用公式(52-2)，这时候，$S_1=S_0=S_2$，于是代入公式(52-2)，有

$$V=\frac{1}{6}h(S_1+4S_0+S_2)=\frac{1}{6}h(6S_2)=hS_2。$$

棱锥可以看成棱台的特殊情况(上底面面积为 0)，假定棱锥的底面积是 S_2，中截面的面积 $S_0=\frac{1}{4}S_2$(小棱锥和原棱锥的高的比是 1∶2，底面积的比应是 1∶4)，于是

$$V=\frac{1}{6}h(S_1+4S_0+S_2)=\frac{1}{6}h\left(0+4\times\frac{1}{4}S_2+S_2\right)=\frac{1}{3}hS_2。$$

公式(52-2)不但适用于棱柱、棱锥、棱台的体积计算，而且它还可以求“拟柱体”体积。所谓拟柱体，是指所有顶点都在两个平行平面(上底面、下底面)上

的多面体(其上底面和下底面可以是不同的多边形,比如上底面是四边形,下底面是六边形,如图 52-2 所示)。只要知道上、下底面面积 S_1、S_2 以及中截面面积 S_0 和高度 h,就可以用公式(52-2)求出体积。因此公式(52-2)又叫作拟柱体体积公式。

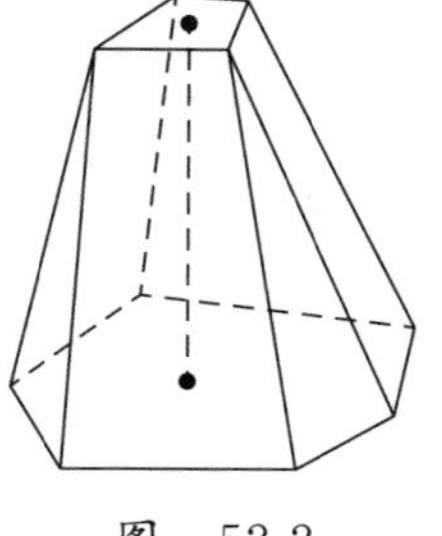
图　52-2

更厉害的是,不但可以求出上面这些多面体的体积,而且还可以求圆锥、圆台、球、球冠、球缺等的体积。

比如圆锥,它的上底面面积 $S_1=0$,下底面面积 S_2,和棱锥的情况相同,可以知道中截面面积 $S_0=\frac{1}{4}S_2$,于是

$$V=\frac{1}{6}h(S_1+4S_0+S_2)=\frac{1}{6}h\left(0+4\times\frac{1}{4}S_2+S_2\right)=\frac{1}{3}hS_2。$$

比如圆柱,$V=\frac{1}{6}h(S_1+4S_0+S_2)=\frac{1}{6}h(S_2+4\times S_2+S_2)=hS_2$。

再比如球体,其半径为 R,用两个平行的平面将球夹住,可以认为上底面和下底面面积为 0,即 $S_1=S_2=0$,中截面是半径为 R 的一个圆,圆面积为 πR^2,即 $S_0=\pi R^2$。另外,这两个平行平面的距离是 $2R$。于是

$$V=\frac{1}{6}h(S_1+4S_0+S_2)=\frac{1}{6}\times 2R(0+4\pi R^2+0)=\frac{4}{3}\pi R^3。$$

这个公式厉害吧,几乎是万能的!

其实这两个公式并不是万能的,比如圆面积就不能求。那么,为什么可以求出很复杂的球体积,却不能求较简单的圆面积呢?这要学了高等数学,你才可以弄懂。

本文没有有趣的故事,只有烦琐的计算,但透过这些可以感受到数学的"统一美",原来这个公式、那个公式,不过都是某一个总公式的特殊情况。这比听故事有趣、有意义且更有价值。我当年学到这个公式时就有种豁然开朗、醍醐灌顶的感受。你有这种感觉吗?

数学家就是不满足零星的知识、喜欢刨根问底,喜欢寻找统一的公式、统一的结构。数学发展到 20 世纪,门类分支众多,那么有没有统一的结构呢?法国的布尔巴基学派进行了深入的研究,大致认定,数学主要有三种结构。

几何习题解法思路千差万别，有没有统一的解法呢？笛卡儿的解析几何就是用方程的方法来处理千奇百怪的几何题；我国著名数学家吴文俊、张景中院士研究了统一的计算机解法。

寻找统一，是数学家的一种素养。

53. 给猪估重

我年轻时曾多次到工厂、农村劳动，进行调查研究。我看到并听到了许多土计算、土测量的方法。

有一次我们到养猪场劳动，那时条件很差，我们是不怕苦、不怕臭。猪养了一段时间之后，终于要出栏（就是卖掉）了。看着一头头猪被赶着慢吞吞地前行，我们问："这猪大概有多少斤啊？"

生产队长上去用手量一量说："150 斤[①]。"

"你怎么知道的？"我们听了很吃惊。

"我们这里有个口诀：一虎口，25 斤。现在我量了量，这头猪的体长是 6 虎口，所以是 25 斤乘 6，大约 150 斤。"队长信心满满。

后来在大秤（那时还没有磅秤）上称了称，差不多，但还是有点差距。

旁边的生产队会计开腔了，这个会计年轻有点文化，他说，实际上还有比较精确的估重方法。

我是读数学专业的，对这很感兴趣，催着会计说。

会计说，去年农校的几位老师下乡，他们一起弄了个公式。

猪重肯定和它的体长、胸围有关，于是建立这样一个公式：

$$猪重(斤)=k\times 体长(m)\times 胸围(m)。$$

这个 k 是一个系数。在实践中，经过多次测定，如果这头猪营养状况良好，那么 $k=70$；营养状况中等，$k=64$；营养不良，那么 $k=60$。因为那个年代的营养普遍不良，所以大家都以 $k=60$ 计算。于是有了公式

$$猪重(斤)=60\times 体长(m)\times 胸围(m)。$$

---

① 1 斤＝500g。

按此算法，前面那头猪体长 6 虎口，约 1.2m，量了量胸围约 2m，有

$$猪重(斤)=60\times1.2\times2=144\ 斤。$$

当时我很受教育，学了不少微积分、高等代数，就是不知道怎么用。农民的这个估重方法，虽然不精确，但道理还是很清楚的，就是经验公式。

经验公式怎么建立？

首先是确定猪重和哪些因素有关。第一种方法（1 虎口=25 斤）认为体重和体长有关；第二种方法认为体重和体长、胸围两个因素有关。

其次是找模型。第一种方法就是使用一次函数，第二种方法使用二次函数。

最后通过实验确定系数。如第二种方法中的 $k=60$。

现在时兴数学建模，这个称猪重的方法大概就是吧。

队长告诉我们，其实，农民的经验还是很实在的。他说，去集市上卖鸭子，只用拎起一只鸭，他就知道几斤几两了。

他自豪地说："我们的手就是秤，我们的眼睛就是尺。"

熟能生巧，我相信队长说的是真的。当然，仅仅停留在经验阶段是不行的。

54. 吃瓜吃的是体积

网上有个流传很广的披萨题。

有一个人去吃披萨，点了个 12 寸[①]的，并付了款。

过了会儿服务员说："不好意思现在做不了 12 寸了，您看换成两个 6 寸的可以吗？"

他很聪明，拒绝了服务员，为什么呢？

12 寸是指披萨直径，半径就是 6 寸。他想买的 12 寸披萨的面积是

$$S=\pi r^2=\pi\times(6\ 寸)^2=36\pi\ 平方寸。$$

而 6 寸披萨，半径是 3 寸。每个面积披萨的面积是

$$S_1=\pi\times(3\ 寸)^2=9\pi\ 平方寸。$$

两个 6 寸披萨的面积是 18π 平方寸。

---

① 这里的寸指的是英寸，为符合生活中称谓习惯，书中采用"寸"来表示披萨大小，1 英寸=2.54 厘米。

两相一比较，差了很多。原来圆面积和半径之间并不成正比例关系，半径扩大 2 倍，圆面积不是扩大 2 倍，而是 4 倍，圆面积和半径的平方成正比！

下面这个故事和披萨问题有点类似。

在 20 世纪 80 年代，著名数学家王元和太太在中关村一个西瓜摊买西瓜。西瓜价格是，大瓜 3 元一个，小瓜 1 元一个。看到大瓜、小瓜尺寸差别不是很大，很多人选小瓜。

王元太太也是这样，却听见王元老师说："咱买那个大的。"

"大的贵 2 倍呢……"王元太太有点犹豫。

王元老师说："你吃瓜吃的是什么？吃的是体积。那小瓜的半径大概是大瓜的$\frac{2}{3}$，体积可是按立方算的，当然买大的更合算。"

"吃瓜吃的是体积"，买瓜用上了数学术语啊！

请你帮忙算算。花 3 元钱，究竟买一个大西瓜合算，还是买 3 个小西瓜合算。王元老师的话究竟对不对？

可以告诉你，球体积公式是 $V=\frac{4}{3}\pi R^3$，而小西瓜的半径等于大西瓜半径的$\frac{2}{3}$。

和披萨问题类似，这里的结论是，球体积和半径的立方成正比。但是这个西瓜问题稍稍复杂一点，还需要考虑大小西瓜的价格。

55. 从印信到足球

2019 年数学高考，出现了一道有关考古的题目。这道题说：

印信是金石文化的代表之一。印信的形状多为长方体、正方体或圆柱体，但南北朝时期的官员独孤信的印信形状是"半正多面体"（图 55-1）。然后问它有几个顶点、几个面。

印信，就是图章。独孤信的图章也有点古怪，特别标新立异，但是很实用。因为它有好多个面，所以可以一章多用。

这道题我们可以采用数一数的办法，不是很难。印信除顶点之外，还有面，

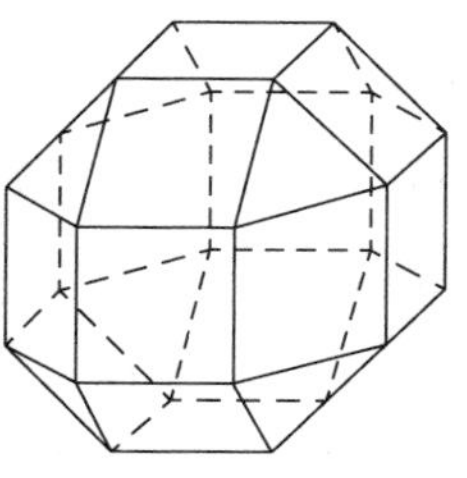

图　55-1

那么,它的面数、棱数、顶点数之间有没有规律呢?

立方体、长方体、棱柱和棱锥我们十分熟悉,也学过相关体积、表面积的计算,但是从来没有想到过它们的面数、顶点数和棱数之间有什么关系。记面数、顶点数、棱数分别为 F、V、E。统计结果如表 55-1 所示。

表 55-1　多面体的面数、顶点数与棱数

多面体	面数 F	顶点数 V	棱数 E
三棱柱	5	6	9
长方体(四棱柱)	6	8	12
五棱柱	7	10	15
六棱柱	8	12	18
三棱锥	4	4	6
四棱锥	5	5	8
五棱锥	6	6	10
六棱锥	7	7	12
独孤信多面体	26	?	48

从这个表里你能找到什么规律吗?有人面对它,感觉莫名其妙的;有人通过凑数和计算,能找到其中隐藏着的奥秘。化学里有个元素周期表,当时化学家发现了好多元素,唯有门捷列夫把它们列在一起并找出了其中规律,做成元素周期表。所以面对一些数据,你要善于从中寻找规律。现代大数据的研究,其实就是这种能力的体现。

仔细观察可以发现,面数 F、顶点数 V 和棱数 E 满足的规律是

$$面数+顶点数-棱数=2,$$

即 $F+V-E=2$。

这个公式叫作欧拉多面体公式。欧拉是位了不起的数学家，他的研究涉及很多领域，是非常多产的学者，晚年双目失明还孜孜不倦地研究数学。

只要是凸多面体，其面数、顶点数和棱数之间都符合这个规律。

利用欧拉多面体公式，我们可以算出独孤信多面体中有 24 个顶点。

这个公式威力很大，不仅可以解印信的题，还可以证明，正多面体一共只有 5 种，即正四面体（每个面为正三角形）、正六面体（即立方体，每个面为正方形）、正八面体（每个面为正三角形）、正十二面体（每个面为正五边形）和正二十面体（每个面为正三角形）（图 55-2）。

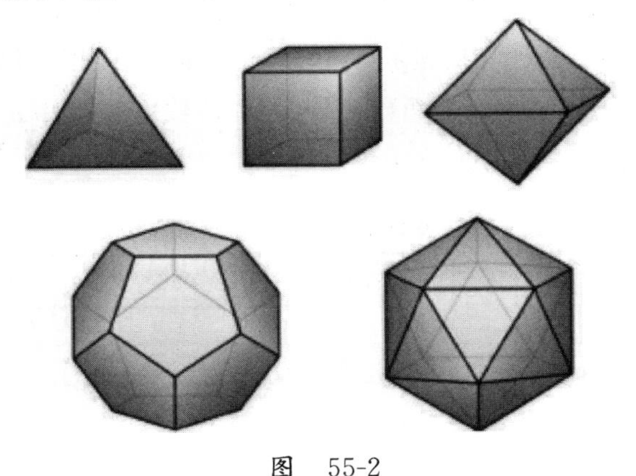

图　55-2

图 55-2 中的正多面体都是由同一种多边形构成的，而且必须是正多边形。独孤信的印章不是正多面体，它是由两种正多边形（正方形和正三角形）构成的，称为半正多面体。半正多面体有很多，我们熟悉的一个例子是足球（图 55-3）。一个足球本身可以看作圆球，但这个圆球是由一个半正多面体充气演变而来的（足球表面是皮质的，有韧性）。

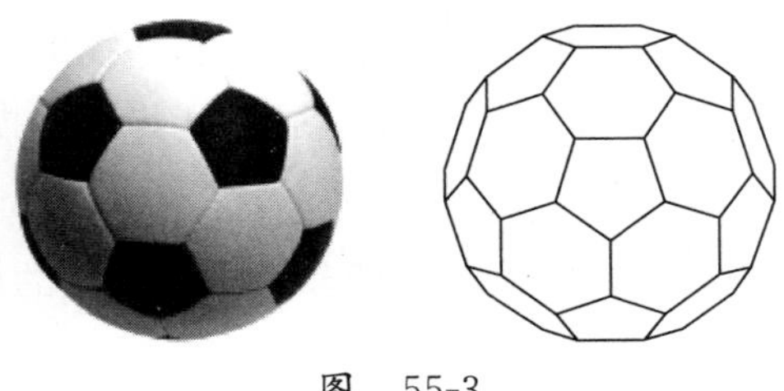

图　55-3

这个半正多面体由正六边形和正五边形组成，那么它究竟有几个面、几条棱、几个顶点呢？

利用欧拉多面体公式，足球原型是一个由正五边形和正六边形组成的 32 面体，其中正六边形（白皮子）有 20 个，正五边形（黑皮子）有 12 个。知道了正多边形的个数，棱数和顶点数就容易算了，答案是 90 条棱和 60 个顶点。

有意思的是，有一种属于烯的物质——碳 60，它的分子由 60 个碳原子构成，形似足球，因此又名足球烯。它具有 60 个顶点、32 个面，32 个面中 12 个为正五边形、20 个为正六边形（图 55-4）。

足球和物质结构，两者看起来风马牛不相及，但却如此相通。不由得让人感叹：科学真奇妙！

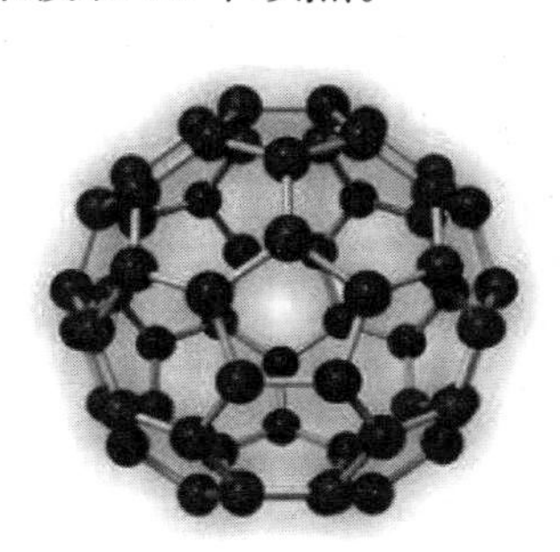

图　55-4

56. 表面积、展开图和包装纸

大李想造个房子，三上三下，就是两层楼房，每层有三间房。

阿光帮他算了算：假定每间房 $28m^2$（纵深 7m，宽 4m），三间房占地 $84m^2$（纵深仍是 7m，宽合起来是 12m）。

大李说："这要几亩地啊？"

阿光说："我们有个口诀，叫'加半向左移三法'，84 的一半是 42，相加等于 126，把小数点向左移三位，就得到 0.126 亩。"

（"加半向左移三法"的根据是什么？原来 1 亩$\approx 666m^2$，$1m^2=1/666$ 亩≈ 0.0015 亩$=1.5\times 0.001$ 亩。乘 1.5，就是本身加本身的一半；再乘 0.001，就是小数点向左移动三位。）

大李："哈哈，只有 1 分多一点地，真是'屋不占地'啊！"

开中介公司的阿凡开腔了："我有个客户，正巧有块 2 分大的地想出售。"

大李："那太巧了。"

大李有股豪气，做事干脆利落，也不看看那块地，马上就和卖家成交了。

过了几天，建筑工人师傅进场一看，大呼："这房子没法盖啊！"

大李的新房只要 1 分多一点地，买进的地有 2 分，怎么不能盖了呢？

原来，买进的地是三角形的，底边很长，但高只有 6m，无法安排长方形

(12×7)的屋子。

大李直呼上当!

原来不但要注意地的面积,还得注意地的形状! 这个问题在数学里要引起重视,比如全等的图形是等面积的,但等面积的两个图形未必是全等的。

在立体的情况中也有类似的问题发生。这里有几个不同但又相关的概念:表面积、展开图、包装纸。两个立体的表面积一样,可是展开图完全不同;而展开图一样,利用的包装纸可能有节省的,也有浪费的。学数学,区别这样容易混淆的概念是很重要的。

先看表面积。

边长是 a 的立方体,表面积是 $6a^2$。

长宽高分别是 a、b、h 的矩形,表面积是 $2ab+2ah+2bh$。

圆柱,如果底面半径是 r,高是 h,那么表面积是 $2\pi r^2+2\pi rh$。

圆锥,如果底面半径是 r,高是 h,表面积计算稍困难一点。首先它的底面积是 $2\pi r^2$,侧面积是多少呢?

这时候要利用展开图帮个忙(表面积和展开图关系密切!)。侧面展开后得到一个扇形(图 56-1),它的半径是圆锥的母线长 l,弧长就是底圆的周长($2\pi r$)。扇形面积公式是$\frac{1}{2}$×半径×弧长,那么先要利用勾股定理计算母线长 l,它是扇形的半径,将半径和弧长代入公式,就可得到侧面积。底面积加上侧面积,就是圆锥的表面积。

球的表面积公式:$S=4\pi r^2$,这个公式非常简洁,但证明有点超出我们的知识范围。不过这里有个故事介绍一下。

古希腊的伟大数学家阿基米德的墓碑上有一个叫作“圆柱容球”的图案(图 56-2)。

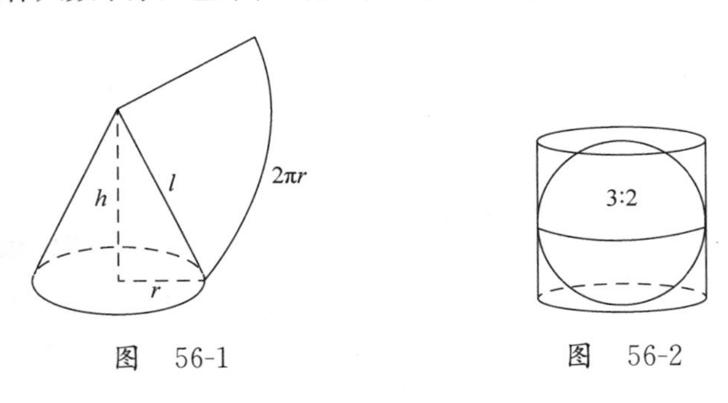

图 56-1　　　图 56-2

这个图案说明了什么呢？原来阿基米德在研究中发现了一个很有趣的命题：在一个圆柱里，放置一个球和它内切。那么这个圆柱与球的体积和表面积之间有这样一个关系：

圆柱体的表面积∶球的表面积＝圆柱体的体积∶球的体积＝3∶2

这么巧！都是3∶2。阿基米德以为这是上天的旨意，于是授意后人将它刻在自己墓碑上。

再看展开图。

表面积和展开图好像关系密切，会画展开图的话，通常表面积也不难计算了。比如上面说到的圆锥的表面积，就依靠画展开图。

但是一个大问题来了。是不是每个立体都有表面积和展开图呢？你想过吗？我们会求球的表面积，那么球的展开图是怎样的呢？

正方体、棱柱、棱锥这样的多面体，它们的表面都是平的，当然是可以将它的表面展开的。其实除多面体之外，有些立体的表面虽然是曲面，也还是可以摊平的。比如圆柱的侧面（是个曲面）展开图是个长方形，圆锥的侧面（是个曲面）展开图是个扇形，等等。白铁工用铁皮弯成喇叭，就是展开图知识的实际应用。

但是，并不是每个立体的表面都可以有展开图的，也就是说，有些立体是没有办法把它的表面摊平成一个平面的。这种曲面叫作不可展曲面，我们最熟悉的是球面，没有办法将球的表面展开成一张纸或者一块玻璃板。

那么我们的地球仪是怎么制造的？足球又是怎么生产的？

那是用了橡胶、塑料、皮革等可“延展”的材料的缘故，用不可延展的纸张、玻璃是不可能做出地球仪、足球来的。在塑料发明之前，地球仪是纸糊的，当然，做出来的只能是近似的球体（图56-3）。

最后说说包装纸。

光有展开图知识还不够，比如包装，要用纸将立体包起来，而这张纸通常是有一定规格的纸张，如A4纸。这张纸，从面积说，当然要比立体的表面积大；从形状说，要覆盖整个立体的展开图。这时候，就有新问题产生了。这张纸要包住整个立体，可能会有多余的部分，这个多余部分往往就被浪费了，那怎么可以减少浪费呢？

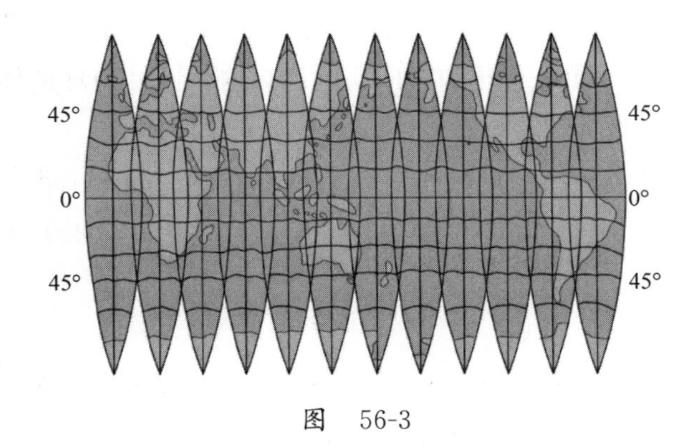

图 56-3

图 56-4 中，我们用的是长方形的纸 $ABCD$ 裁剪出立方体的展开图，浪费(阴影部分)了 1/2 的材料。

如果改为图 56-5 的方式裁剪，情况就不一样了。这个包装纸裁剪法有点别致。$ABCD$ 是正方形，以图中间一个小正方形为底，在它四周砌起 4 堵“墙”，再由 4 个小三角形(不带阴影)拼成“屋顶”。最后得到一个空壳立方体，可以包住原来的立方体商品。

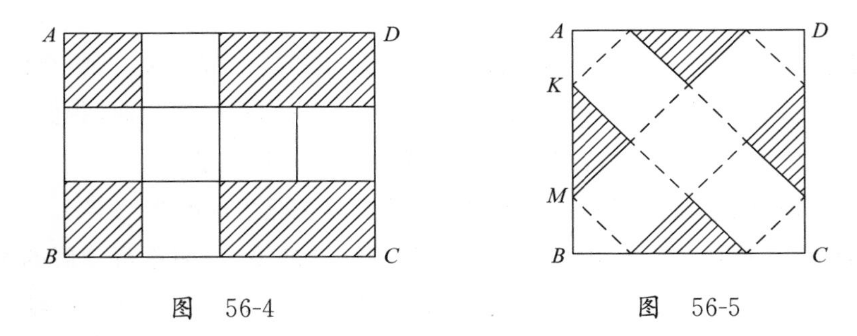

图 56-4　　图 56-5

这个图中每个小正方形边长为 1，那么带阴影的等腰直角三角形的斜边 $KM=\sqrt{2}$，不带阴影的小的等腰直角三角形的直角边 $AK=\sqrt{2}/2$，于是整张纸的边长

$$AB=\sqrt{2}+\sqrt{2}/2+\sqrt{2}/2=2\sqrt{2},$$

整张纸的面积为$(2\sqrt{2})^2=8$。

而每个带阴影的等腰直角三角形的面积都是 1/2，浪费的总面积是 2。所以这个方案只浪费了 1/4 的材料(2/8=1/4),比图 57-4 的做法要好。

在包装纸上怎么切割出需要的图形,是一种减少浪费的重要方法。还有就是在排料上做到合理裁割,也可以减少浪费。

通风系统常用的"弯头",其实是从一个圆筒上经过一个平面斜截之后得到两个"斜截圆柱",将二者颠倒相衔接得到的(图 56-6)。

图 56-7 是一个"斜截圆柱"的展开图。如果这样从整张铁皮上裁割,浪费太大了。这时候用套裁的办法,就可以减少浪费。图 56-8 中上面的一半和下面的一半各自都可以卷起来成为一个"弯头"。不过,这两个弯头的拼缝位置有区别而已。

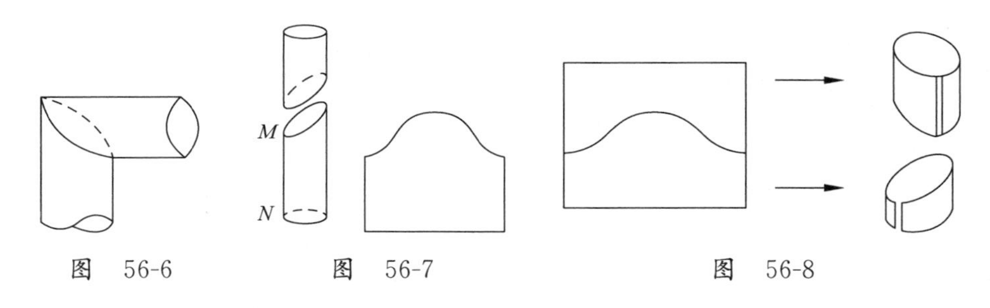

图 56-6　　图 56-7　　图 56-8

57. 华罗庚破解导弹发射地

华罗庚是我国的大数学家,又是杰出的科普专家。1965 年,华罗庚在上海的一所中学做了一个科普报告。一开场他抛出了一个问题,把全场的观众震住了。

什么问题呢?他说:"前不久苏联发射了一颗洲际导弹,谁能估算苏联导弹发射场的位置?"

这么高精尖的问题,中学生怎么解答得了啊!而且这是绝密的,难道我们普通老百姓能够弄清楚发射地?

一下子,会场里鸦雀无声。

华罗庚说,苏联要试射洲际导弹,为此向全世界发公告,在太平洋划了一块区域,警告所有船只绕道而行。这是善意的提醒,但是我们可以利用这个公开信息,推算出导弹的发射地。

那是怎样一个区域呢？

它的形状如图 57-1 并标注了每个点的经纬度。通常应该画个长方形，但它不是长方形，而是一个曲边四边形。

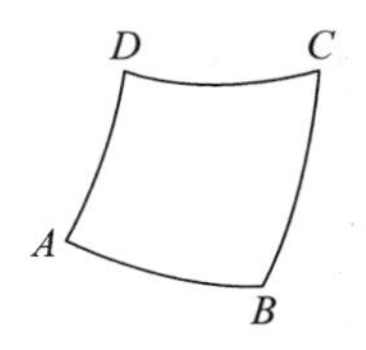

图 57-1

怎么会是个曲边的四边形？

因为，地球是圆的，地球上的 4 个点画到平面上就走样了。地球上两点的距离怎么算？可不能用直尺连接一下，再量一量。而要经过这两个点和球心，画个圆，这个圆叫“大圆”，然后在大圆上测量这两点间的长度，就是这两点间的最短距离。

于是，图 57-1 中的曲边 AB 和 CD 是大圆上的弧，而曲边 AD 和 BC 是同心圆弧。

我们只要延长 BA 和 CD，交点就应该是发射地！（图 57-2）

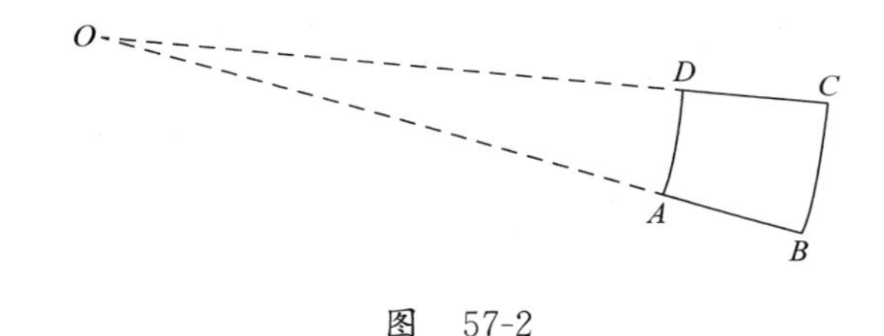

图 57-2

为什么导弹会落到这个区域呢？第一说明导弹的飞行距离有一个范围，可能远一点，也可能近一点，它不小于 OA，也不大于 OB。第二说明导弹的飞行方向也有一个范围，可能偏左一点，也可能偏右一点。它在 $\angle BOC$ 之内。

华罗庚的计算结果是，它位于乌拉尔山区。就这样，一个绝密的军事秘密被轻松地破解了，完全靠数学推理。

全场爆发出经久不息的掌声。

58. 怎么少了一天？

1519 年，麦哲伦组织了一支由 5 艘远洋海船组成的船队，从西班牙出发，向西航行，开始了人类历史上的首次环球航行。经过近三年的航行，只有破烂不堪的“维多利亚号”海船胜利地回到了西班牙，265 名船员仅剩了 18 名，麦哲伦本人也客死他乡。

皮加费塔是生还者之一。在航行中，他始终一丝不苟地写日记。他发现，航海日志上明明写着1522年9月6日，但在西班牙的日历上，却是1522年9月7日——怎么“少”掉1日呢？

无独有偶，凡尔纳的著名科幻小说《八十天环游地球》中绅士福格与朋友打赌两万英镑，要在80天内环游地球一周回到伦敦。

他乘坐了各种交通工具，从伦敦出发向东旅行，途中写了各地的风土人情，还收获了爱情，情节曲折。

经过九九八十一难之后，福格终于环绕地球一圈并回到伦敦时，却发现已超过了限定时间一天，打赌失败！正当他们心灰意冷之际，他又被告知，时间没有超过，原来，他每天记录的日子和现实不符合，相差一天！

这是怎么回事呢？

地方时

平常，我们在钟表上所看到的“几点几分”，习惯上就称为“时间”，但严格来说应当称为“时刻”。两个人在不同的地点，手表上的“几点几分”是不同的。这种在地球上某个特定地点，根据太阳的具体位置所确定的时刻，称为“地方时”。

因为地方时各自为政，历史上曾引起不少的误会和麻烦。据说，19世纪在俄国伊尔库茨克附近一个小镇上有个邮政官于9月1日早上7点钟给芝加哥邮局拍了一份电报，可回电却说“8月31日9时28分收到来电……”这让人感觉莫名其妙，9月拍的电报，怎么会在8月收到呢？这就是地方时引出的麻烦！

我们知道，地球表面的连接南北极的线叫经线，和它垂直的线叫纬线。显然，各地的时间和经线有关。为了统一时间标准，国际上规定把穿过英国伦敦格林尼治天文台的经线作为零度经线。从零度经线向东和向西各划分180°（东经和西经）。0°和180°经线把地球分为东西两个半球。我们把太阳在1小时内走过的经度范围作为一个时区，共分成24个时区，每个时区占了15°的经度范围。相邻两个时区，在时间上相差1小时，即东面的时区比西面相邻时区早1小时。

时差

每个时区里的各个地方采用统一的时间，比如北京和上海都在东八区，两地的地方时有点差异，但采用统一的时间。不但同一时区里采用统一的时间，我国横跨 5 个时区，但是都用北京时间。因此北京人到新疆去，就会感到，“已经是晚上 8 点了，天怎么还是那么亮？”。

两个不同时区之间的时间差，叫时差。我们在乘坐飞机到国外旅行时，时差的变化会引起人体内生物钟混乱，使人感到难受，需要花几天时间适应，这就是所谓的“倒时差”。

在宾馆里，住着南来北往的诸多旅客，他们既需要知道宾馆所在地的时间，也希望知道别的地方（如纽约、莫斯科等）的时间。这就是计算异地时间的问题。

国际日期变更线

时间的混乱问题解决了，但日期的错乱问题还没有解决。麦哲伦船队、福格，为什么时间相差了一天？就是日期错乱。

为什么？为了弄清这个问题，我们继续刚才计算异地时间的问题。

刚才的问题是：现在北京（东八区）时间是 5 月 19 日的 19 点，而东九区、东十区、东十一区的时间，分别是 20 点、21 点、22 点。

假如继续往东，东十二区（注意跨过 180°经线了）是几点呢？23 点。再往东，西十一区呢？24 点。再往东，西十区呢？1 点（注意是 5 月 19 日的 1 点）。再往东，西九区呢？

这说明，前面说的，异地时间的计算方法是东加西减，但不能无限制地加和减，当得到的数值超过 24 的时候，肯定要涉及日期的变化了。

假如你由西向东周游世界，每跨越一个时区，就会把你的表向前拨一小时，这样当你跨越 24 个时区回到原地后，你的表比身边的人快了 24 小时；相反，当你由东向西周游世界一圈后，你的表就比别人慢了 24 小时。为了避免这种“日期错乱”现象，必须解决日期变更的问题。为此，国际上规定 180°经线为国际日期变更线。

当你由西向东跨越国际日期变更线时，必须在你的计时系统中减去一天；反之，由东向西跨越国际日期变更线，就必须加上一天。

麦哲伦船队和凡尔纳笔下的福克遇到的困惑终于解决了，他们都是因为穿越了国际日期变更线，所以出现了相差一天！

关于这条变更线，还有不少趣事：一艘客船自西向东航行在太平洋上，船上有一位怀了双胞胎的孕妇临产。航行到国际日期变更线西侧时，老大出生了，当时是 2011 年 1 月 1 日。而航行到国际日期变更线东侧时，老二才出生，他的出生日则是 2010 年 12 月 31 日。这样，老二的出生比老大提前了一天。

到底应该叫谁哥哥呢？

从理论上说，国际日期变更线应该就是 180°经线。这条经线通过的是太平洋上的水域，也通过几处人口很少的陆地。由于这条线，这几块陆地上就出现了怪事了：有人生活在“今天”，有人生活在“昨天”。为了使这些居民有同样的时间，实际执行时，让国际日期变更线绕开有人居住的陆地。修正后，国际日期变更线就不再是一条直线了。

这条国际日期变更线，历史上曾进行过多次修正。目前的国际日期变更线上有三处较大的弯曲。

八、几何魔术师

59. 直角竟然等于钝角!

传说宋代有位画家，画了一匹正在吃草的枣红马。马匹高大神气，双目圆睁，炯炯有神。不料，一个农夫看后哈哈大笑说：“马怕草戳伤眼睛，吃草的时候总把眼睛闭起来。你画的这匹马眼睛睁得这么大，难道是匹瞎马吗?”

画家不了解马的生活习性，落笔不慎，闹出了笑话。生活中如此，数学中又何尝不是如此呢？在几何题证明中，也要画图，如果图画得不正确，也会得出错误结论。

你们看，“直角等于钝角”的几何诡辩就是一例。

题目是这样的；取线段 AB，作直角 $\angle BAC$，再作钝角 $\angle ABD$，则 $\angle BAC=\angle ABD$。

“证明”：截 $AC=BD$，连接 CD。作 CD 的中垂线 m 交 CD 于 E，作 AB 的中垂线 n 交 AB 于 F，m 与 n 交于点 O，连接 AO，BO，CO，DO（图 59-1）。

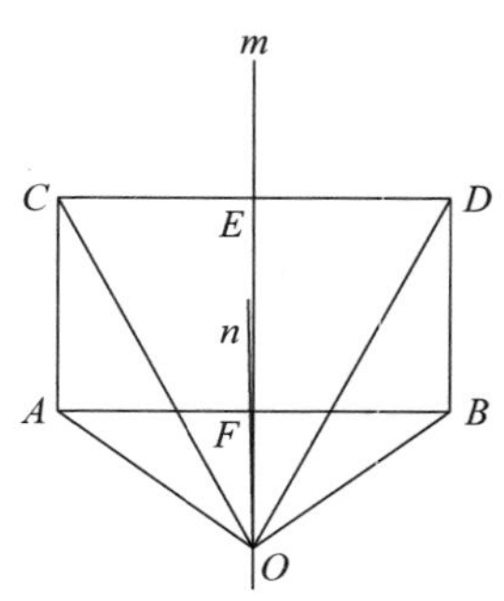

图 59-1

在△AOC、△BOD 中，

因为 $AC=BD$，（所作）

$OC=OD$，$OA=OB$。（中垂线到线段两端距离相等）

所以 $\triangle AOC\cong\triangle BOD$，（边、边、边）

所以 $\angle OAC=\angle OBD$。

又因为 $OA=OB$，

所以 $\angle OAB=\angle OBA$，

所以 $\angle BAC=\angle ABD$。（等量减等量，差相等）

这样就“证明”了“直角=钝角”。

错误在哪里呢？既然在证明文字中找不出错，问题恐怕是出在作图上。m、n 的交点可能不在 AB 的下侧，而在 AB 的上侧。

重新画一个图（图 59-2），设 m、n 交于点 O，O 在 AB 上侧、CD 下侧。

这时，仍有 $\triangle AOC\cong\triangle BOD$。

因为 $\angle OAC=\angle OBD$，所以 $\angle OAB=\angle OBA$，故 $\angle BAC=\angle ABD$。（等量加等量，和相等）

一点也没有改变错误结论。

大概 O 应该在 CD 上侧？或者应该在 AC 的左边？或者在右边？……当然不能老是猜下去。让我们按尺规作图法仔仔细细地作个图，作出两中垂线的交点 O 点位于 AB 下侧，BD 延长线的右侧（图 59-3）。我们用几何方法证明的时候，再也无法证出 $\angle BAC=\angle ABD$ 了。于是，“直角等于钝角”的谬论就不攻自破了。

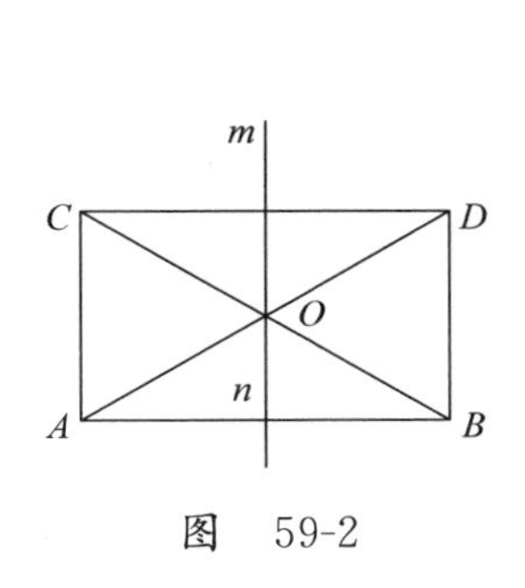

图 59-2

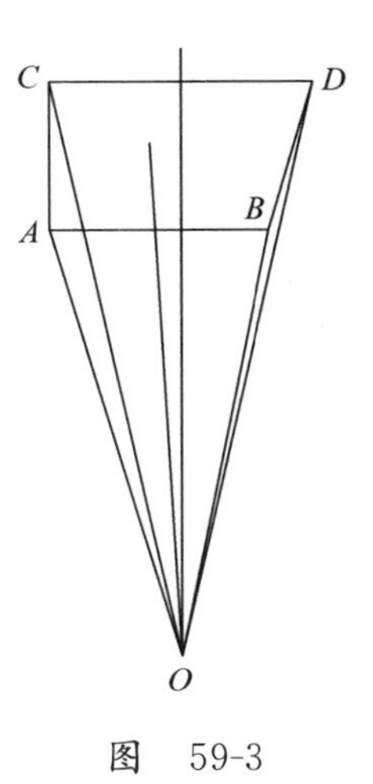

图 59-3

60．任意三角形都是等腰三角形？

任意三角形都是等腰三角形？！

别着急，看看人家的歪理。

歪理者说：先任意作一个$\triangle ABC$（图 60-1）。

作底边 BC 的垂直平分线，以及顶角 A 的角平分线，它们交于点 P，再过点 P 分别作 AB、AC 的垂线，垂足记为 F、E（图 60-2）。

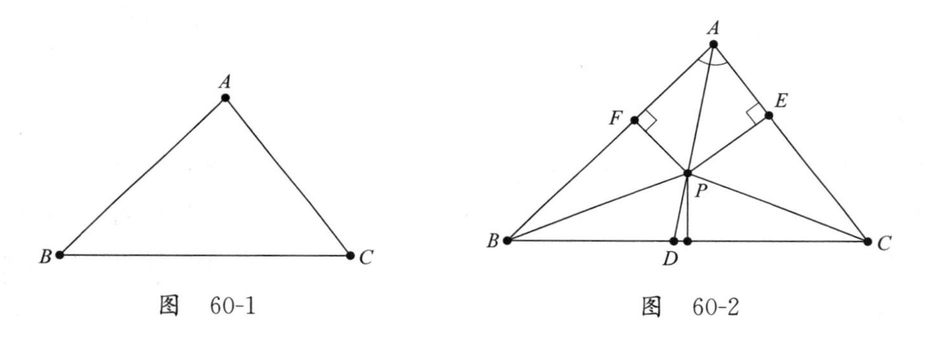

图　60-1　　　图　60-2

看看两个$\triangle PEA$、$\triangle PFA$，它们都是直角三角形，而且有一条边 AP 是公共的，再加上 AP 是顶角 A 的角平分线，$\angle PAE=\angle PAF$，那么这两个三角形是全等的。所以，$AE=AF$。

同时 $PE=PF$，这个结论下面要用到。

再看两个直角三角形$\triangle PEC$、$\triangle PFB$，因为 P 点在 BC 的垂直平分线上，当然有 $PB=PC$。加上刚刚说过的 $PE=PF$，所以它们也能够重合。这样，$FB=EC$。

AB 是由 AF 和 FB 组成的，AC 是由 AE 和 EC 组成的，组成部分分别相等，合起来当然相等。也就是说 $AB=AC$。

这样一来，$\triangle ABC$ 不就是个等腰三角形了吗？可见任意的三角形都是等腰三角形，对不对？

这个歪理究竟错在哪里呢？

反驳它其实不难，只要你认认真真地重新画图就可以看出毛病在哪里了。

原来，BC 的垂直平分线和顶角 A 的平分线的交点不在$\triangle ABC$ 内，而在$\triangle ABC$ 之外，请看图 60-3。

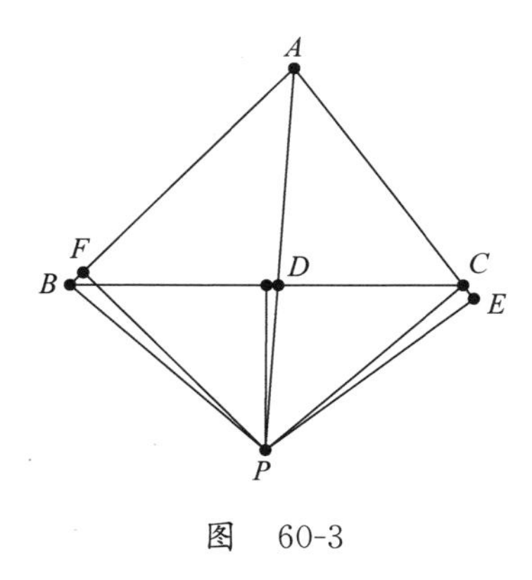

图　60-3

之后的所谓证明，一切都错了。歪理就被戳穿了！

61. 直线在众目睽睽下消失

这是一个很奇怪的现象。

在一张纸片上画着 7 条平行线(图 61-1)。沿图中的虚线把纸片一裁为二，然后把下面的一片往左下方滑动(图 61-2)。

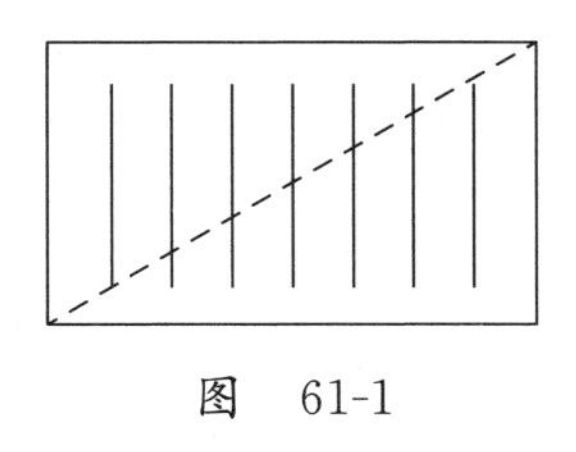

图　61-1

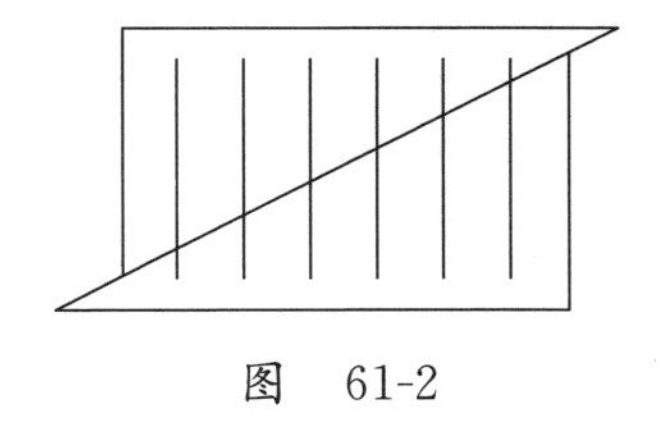

图　61-2

再数一下纸片中的直线，奇怪！只有 6 条了！

是哪一条直线在众目睽睽之下，悄悄地消失了？它躲在哪里？

其实，哪一条直线也没有躲起来。只是在我们裁剪的时候，把 7 条线一共分成 12 份，重新安排的时候，把 12 份组合成 6 条线，其中的每一条都比原来的线长出了$\frac{1}{6}$。

如果用两种颜色交替使用来画原来的 7 条平行线，这个秘密就更容易被发现了。

现在我们再把纸片恢复到原来的位置。你瞧，原来的 7 条线又出现了，这时所得的每条线与刚开始时一样长。

有一种古老的伪造纸币方法，正是以这个现象为基础的。伪造者把 6 张钞票分成 12 份，经过重新安排后就做成了 7 张钞票。不过，这种伪装很容易被侦破。1968 年，伦敦有个人用这种方法来“增加”面值 5 英镑的钞票，结果被判了 8 年徒刑。

20 世纪 70 年代初，美国一个银行的计算机程序设计员，把所有应该支付给用户的利息数额中的美分以下的零头一律舍去，而不是实行四舍五入。这样，每个存户一个月大约损失几美分。几美分，谁也不会留意，但是把它们加起来却很可观了。程序设计员利用计算机把这笔钱全部转入了自己的名下。诈骗的手段与“消失的直线”方法如出一辙。当然，这个程序设计员也受到了应有的惩罚。

19 世纪 80 年代，美国著名的谜题发明家山姆·劳埃德曾经设计过一个环形画面，画面上有个雄赳赳的中国武士，可是只要一转动，这个武士就会立刻消失得无影无踪。中国武士到哪里去了呢？

《科学美国人》杂志社曾发行过一套数学幻灯片，其中介绍了一个叫“失踪的舞蹈家”的游戏，说有一块画着 7 个舞蹈家的东方挂毯（图 61-3），如果按图中的虚线把挂毯剪成 3 块，再互换上面 2 块的位置（图 61-4），跳舞的舞蹈家就从 7 个变成 8 个了。这第八个舞蹈家是从哪里来的呢？

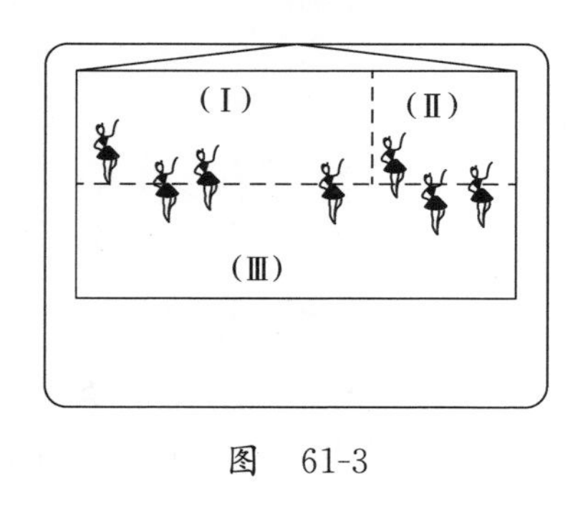

图 61-3

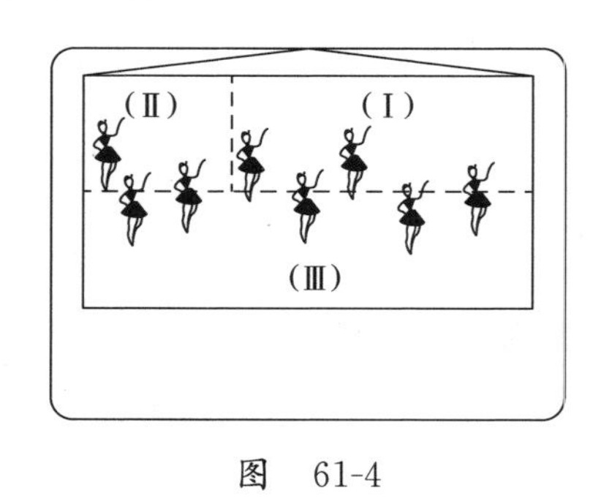

图 61-4

这些奇妙现象的原理是一样的。

62. 新愚公治沙

新愚公开始要治理沙漠了。这片沙漠很大，形状呈正方形。

新愚公说：“我一年治理一点，一点一点治理，总有一天可以把沙漠变成绿洲的。”

新愚公把这个正方形分成 4 块，变成 4 个小正方形。假定这个正方形的边长是 1。第一年，先治理右上角的这个小正方形(图 62-1 带阴影的)。

注意了，治理的面积是 1/4，余下的面积是 3/4。

一年以后，初见成效，带阴影的小正方形沙漠变良田了。新愚公开心极了。

第二年，再对不带阴影的 3 个小正方形用同样的方法治理，每个小正方形都一分为四，并治理右上角的小小正方形(图 62-2)。

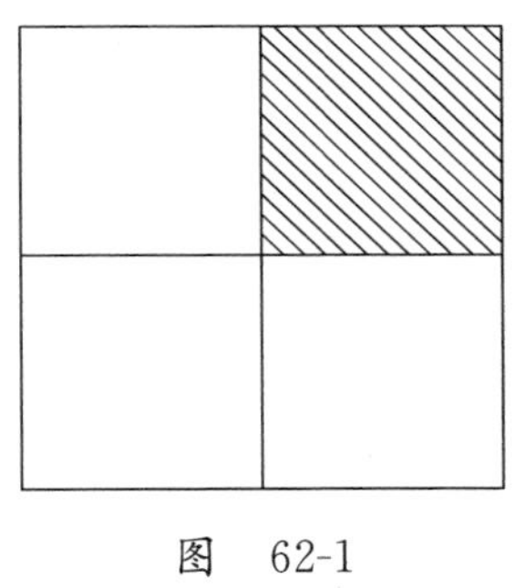

图　62-1

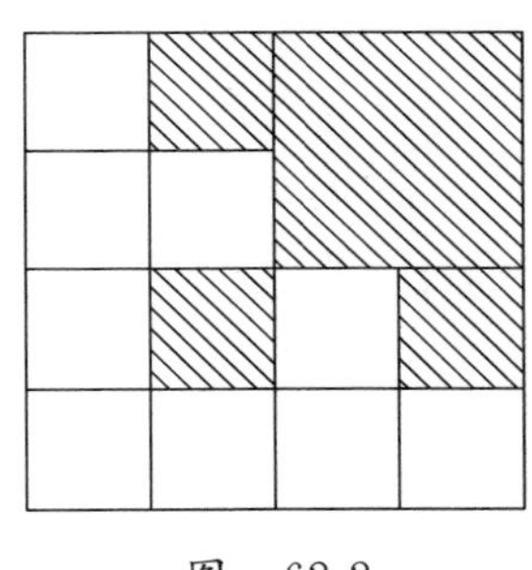

图　62-2

注意，现在一共治理了 $1/4+3/4\times1/4=7/16$。余下的面积是 9/16，它可以看成$\left(\frac{3}{4}\right)^2$。

第三年，新愚公对图 63-2 中的没有治理的 9 个小小正方形，做同样的治理，那么又治理了好多更小的正方形，余下的面积应该是$\left(\frac{3}{4}\right)^3$。

把这个工作无限地进行下去。那么一共治理了多少面积，余下部分的面积等于多少呢？新愚公算了一下。

余下部分的面积是这样变化的：

$$\frac{3}{4},\quad \left(\frac{3}{4}\right)^2,\quad \left(\frac{3}{4}\right)^3\cdots$$

即

0.75,0.56,0.42,0.31,0.23,0.17,0.13,0.10,0.07,0.05,0.04,0.03,0.02,0.017,0.013…

看来,余下的面积越来越小,最后趋向于0。

因此,没有画阴影线的部分越来越不重要了。于是画阴影线的部分的面积越来越大,以致最终等于1,就是等于原正方形的面积。

结论来了：整个正方形全部被治理了！新愚公有点感到诧异,我明明每次只治理1/4,怎么都治理完了呢?

你感到吃惊吗?

亲爱的小读者,这个问题要读了微积分才能弄清楚。

63. 不是所有的牛奶，都叫×××

有句广告语“不是所有的牛奶,都叫×××”,这是用否定句式突出自己品牌的牛奶是最优的。由于这句话有点费解,人们会停顿一下,思索一番,这就达到了广而告之的目的。

生活中常常看到一个土墩,我们都会叫它“台”。如老师的讲台、演出的舞台。

但是与这句牛奶的广告词有点相似,我要说,“不是所有的台都可以叫棱台!”

你不信,请听下面的分解。

我们看一个关于体积的例子。

如图63-1所示,$ABCD\text{-}A'B'C'D'$是个正四棱台,上底面、下底面都是正方形,其中下底的边长$AB=8$,上底的边长$A'B'=6$,高$h=3$。

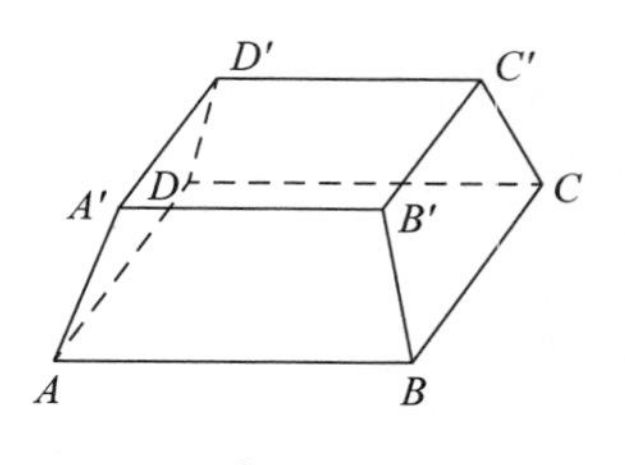

图 63-1

这个四棱台体积是多少?

前面的“52.一个‘万能’的面积、体积公式”一节里,提到了公式

$$V=\frac{1}{6}h(S_1+4S_0+S_2),$$

对于棱台可以具体化成

$$V=(S_{上}+S_{下}+\sqrt{S_{上}\times S_{下}})\times\frac{h}{3}。$$

就是等于(上底面积+下底面积+$\sqrt{上底面积\times 下底面积}$)×高÷3。这个公式的好处是只要知道上底和下底面积,不必要知道中截面的面积,就可以求得体积了。

上底面积是 36,下底面积是 64,代入公式由此可以算出 $V=148$。

现在,把它分拆成两个,看看情况怎么样(图 63-2)。

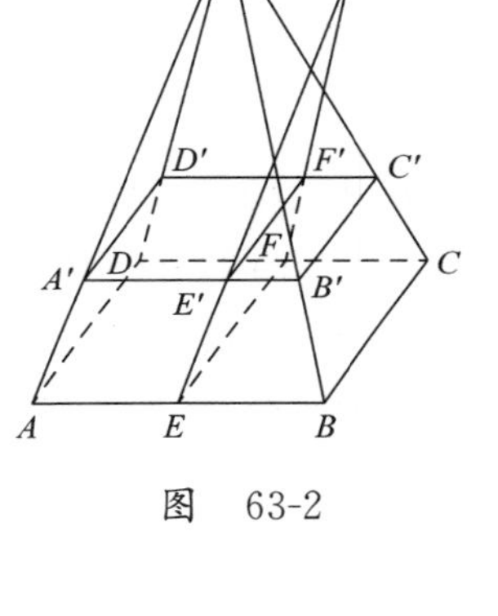

图 63-2

我们取下底的棱 AB、CD 的中点 E、F,上底的棱 $A'B'$、$C'D'$ 的三分之一的点 E'、F',即有

$$BE=\frac{1}{2}AB,\quad CF=\frac{1}{2}CD,$$

$$B'E'=\frac{1}{3}A'B'=2,\quad C'F'=\frac{1}{3}C'D'=2。$$

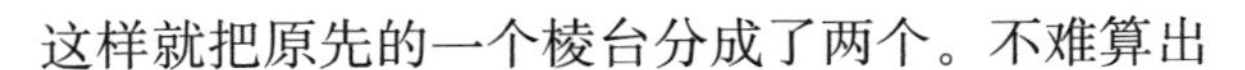

这样就把原先的一个棱台分成了两个。不难算出

$$V_1=V_{EBCF-E'B'C'F'}=44+8\sqrt{6},$$

$$V_2=V_{AEFD-A'E'F'D'}=56+16\sqrt{3},$$

$$V=V_1+V_2=147.3。$$

咦?得到了不同的结果,问题出在哪里呢?

原来是没有弄清棱台的概念。一个棱锥如果被一个平行于底面的平面所截,那么该截面和底面间的部分称为棱台。也就是说,棱台是从棱锥上截下来的一部分。换句话说,它的侧棱延长之后,必须能够交于一点,可以还原成为棱锥。

那么,V_1、V_2 是不是棱台呢(这里的 V,既表示某个立体的体积,也指这个立体本身)?

当然是个"台",有棱有角,这不是棱台是什么呀?

错!我们强调过,棱台是棱锥的一部分,侧棱延长之后,必须交于一点。

但是,从图 63-2 中可以看出它们的侧棱并不交于一点。所以,V_1 和 V_2 不是棱台!也就不能应用棱台公式计算体积。回想本文前的广告语"不是所有的牛奶，都叫×××”，你知道“不是所有的台都可以叫棱台”的意思了吧！

那么 V_1 和 V_2 是什么立体呢？叫拟柱体。

生活中的“台”，就是下面大、上面小的两个平行平面构成的一个立体，如 V_1、V_2 都被当作“台”，但是数学里的“棱台”，还要加上一个重要条件：延长侧棱，它们应该交于一点。

64. π 等于 4?

阿凡上场了，说我们来变个魔术。

“画一个圆，它的直径 d 等于 1。”

大李：“画好了”。（图 64-1）

“再画这个圆的外切正方形。”（图 64-2）

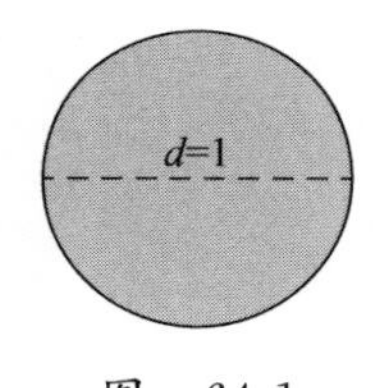

图 64-1

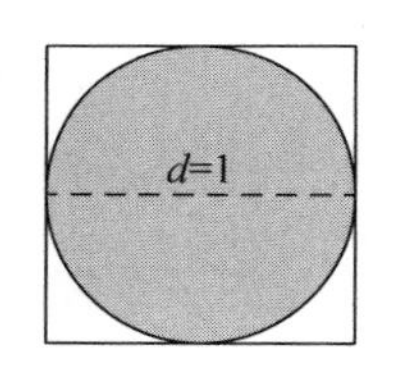

图 64-2

“这时候，这个外切正方形的周长是多少？”

大李抢答说：“4。”

“太好了。”

阿凡说，下面一步有点难，他自己来画。

“我把这个外切正方形像图 64-3 那样切掉 4 个‘角’，也就是切掉 4 个小正方形。切掉之后，那个‘十字形’的周长等于多少呢？”

大李思索了一下，想不出来了。这时候，阿光说：“还是 4。”

“接下去，我们继续切去‘角’，那么剩下的‘多角多刺’的图形周长是多少呢？”阿凡说。（图 64-4）

阿光说：“还是 4 啊！”

“好，我们继续这样切去‘角’，以致无穷。周长还应该是 4。”

大李说：“这最后不变成圆了吗！”（图 64-5）。

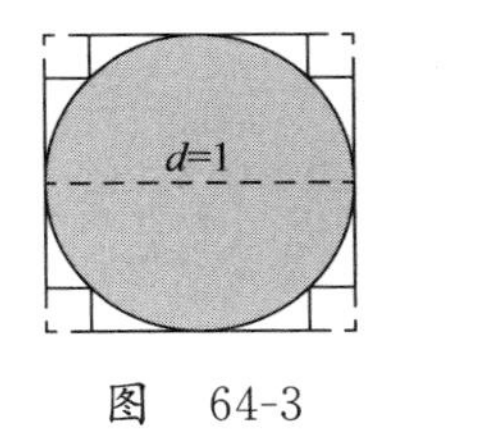

图　64-3

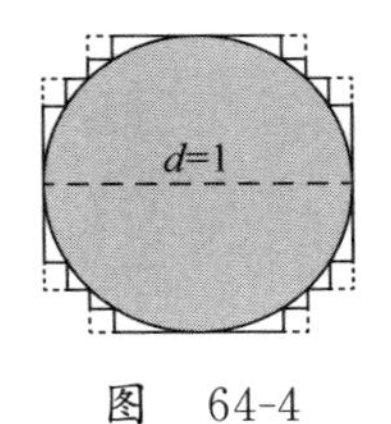

图　64-4

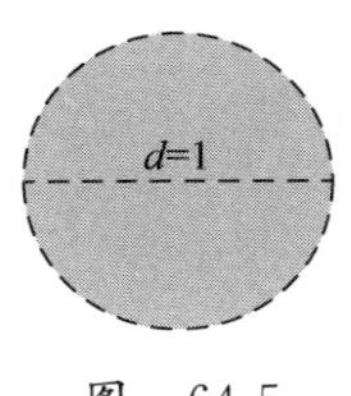

图　64-5

是的，所以直径是 1 的圆的周长是 4！

阿光跳了起来：“不对啊，直径 $d=1$，圆周长 $c=\pi d=\pi$，近似等于 3.14 啊！怎么变成 4 了呢？”

阿凡说：“哈哈！就是 4！不是 3.14！”

阿光深思着：“这样一来，圆周率就等于 4 了吗？”

阿凡说：“是的，本人新发现圆周率 π 等于 4！”

大家闷声不响。心里满是疑惑：这是怎么回事啊？

亲爱的读者们，阿凡是诡辩。但是要揭穿这个秘密，需要用微积分。

65. 贝特朗悖论

学生时期我们曾经都玩过这样一个小游戏。

在黑板上画个人脸，脸上有眼睛，但是眼眶里没有眼珠。然后请一位同学上台，这位同学被蒙上眼睛，请他走上前，用粉笔在黑板上画出眼珠。这个游戏叫“画龙点睛”。

蒙着眼，怎么能画准啊，不是把眼珠子画到鼻子上去，就是画到嘴巴上，总之引起全场哈哈大笑。

我们现在在黑板上画个圆，不蒙上你的眼睛，请你在圆内任意画一条弦。这个没有难度。

这条弦可能比较长(当然不能超过直径)，也可能比较短。我们把它和这个圆里面的内接正三角形的边长 L 做个比较。也就是说，有人画得比 L 长，有人可能画得比 L 短。

那么，如果有 100 个实验者，大概有多少人画得比 L 长呢？30 个？50 个？70 个？说精确一点，画出的弦长超过 L 的概率是多少呢？

有几种不同解法。

第一种解法：假设我们所画弦的一端固定在某一点上，我们选择圆的内接正三角形的顶点 A 为固定的出发点，弦的另一端当然可以落到圆周的任何位置上。

弦的另一端(终点)可能落在 AC 弧、AB 弧，也可能落在 BC 弧上。因为弦的长度是一定大于正三角形的边长 L 的，看来终点应该在 BC 弧上了(图 65-1)。

而 BC 弧长占据了整个圆形周长的 1/3，所以终点落在 BC 弧上的弦也占据了所有弧的 1/3。

那么这个问题就转化成了几何问题了：BC 弧长占整个圆形弧长的多少，显然是 1/3。所以，

$$所求概率=弧长(BC)/周长=1/3。$$

于是得到结论：在圆内任意画弦，弦长大于正三角形边长的概率为 1/3。

没错吧!

不见得，说没错还为时过早。看下面的第二种。

第二种解法：画所给圆的一个同心圆，这个同心圆直径是原圆直径的一半，这里为了方便就分别称为大圆和小圆。其实，这个同心小圆正巧是正三角形的内切圆(图 65-2)。

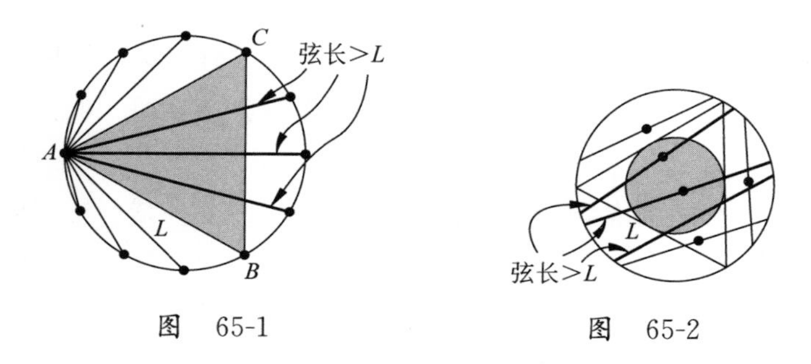

图 65-1 图 65-2

接下去，我们在大圆内随意画弦，然后我们将这些弦的中点标出来，可知，当弦的中点位于小圆内部时，弦长大于正三角形的边长；而当弦的中点落在小圆以外时，弦长小于正三角形的边长。

现在，这个概率问题就转化为了几何问题了，我们只需要求出小圆和大圆的比例关系就好了。

答案是：小圆面积是大圆面积的 1/4。于是我们可以得出结论：在圆内任意画弦，弦长大于正三角形边长的概率为：

小圆面积/大圆面积＝1/4。

怎么回事？这两种解法都没错啊！

其实还有一种解法，结果为 1/2。三种不同的解法，最终得出三种不同的结论来，这个问题就是著名的贝特朗悖论。

九、图的山海经

66. 大猫进大洞，小猫进小洞

工程师和数学家家里各自养了一只母猫，并且在各家的墙上开了一个猫洞。

两只母猫同时生了小猫。

工程师好像什么事都没有发生，而数学家紧急请求工程师在他家的墙上再开个小洞。工程师问："为什么要开个小洞？"

数学家说："大猫从原先的大洞进出，小猫从小洞进出，所以要再开一个洞。"

据说，这位数学家是牛顿。

67. 月亮的直径

一天晚上，老马和儿子一起赏月，他问儿子："你说，月亮的直径有多大？"

儿子答道："1738 公里。"

"不对，"老马急了，怎么搞的，这样的数据都记不住？于是纠正说："我给你讲过，大约是 3476 公里。"

"但今天是初一，爸爸你忘了，今天的月亮只有一半大呀！"儿子辩解说。

68. 理工男的对联——又圆又滑

我曾经在某机关的门口看到了一副对联。

上联：曲率半径处处相等

下联：摩擦系数点点为零

横批：又圆又滑

这是一副批评这个机关官僚主义，遇事不负责任、互相推诿的对联。最大的特点是通过数理术语来批评，妙不可言。我读了之后，不由会心一笑。

这副对联有点数学内涵的，在这里稍作解释。

上联涉及了高等数学，"曲率半径"是反映曲线弯曲程度的一个概念，比如抛物线，有时弯曲得厉害些，有时弯曲得不厉害，比较平缓，它的"曲率半径"就不是每个地方都一样。而圆周的各个地方弯曲的程度是一样的，它的"曲率半径"是处处相等的。所以上联说的是"圆"。

下联中的"摩擦系数"是物理概念，摩擦系数越大，表面越粗糙，系数越小表面越光滑。摩擦系数为 0，就是绝对光滑。下联原来隐喻着"滑"。

上联是"圆"，下联是"滑"，合起来就是横批里说的"又圆又滑"。

我们的初心是为人民服务，希望这样"圆滑"的机关部门不再出现。